『十一五』國家重點圖書出版規劃項目
全國古籍整理出版規劃領導小組資助出版

地方志災異資料叢刊

第二編

1

于春媚　賈貴榮　編

國家圖書館出版社

圖書在版編目(CIP)數據

地方志災異資料叢刊. 第二編 / 于春媚,賈貴榮編. —北京:國家圖書館出版社, 2012. 11

ISBN 978 -7 -5013 -4821 -3

Ⅰ. ①地… Ⅱ. ①于… ②賈… Ⅲ. ①自然災害—史料—中國—叢刊 Ⅳ. ①X432 -55

中國版本圖書館 CIP 數據核字(2012)第 165274 號

責任編輯: 于春媚

ISBN 978-7-5013-4821-3

9 787501 348213 >

書名 地方志災異資料叢刊. 第二編(全三十五冊)

著者 于春媚 賈貴榮 編

出版 國家圖書館出版社(100034 北京市西城區文津街 7 號)
(原北京圖書館出版社)

發行 010 -66114536 66126153 66151313 66175620
66121706(傳真) 66126156 (門市部)

E-mail btsfxb@ nlc. gov. cn (郵購)

Website www. nlcpress. com→投稿中心

經銷 新華書店

印刷 北京華藝齋古籍印務有限公司

開本 850 × 1168 毫米 1/32

印張 656

版次 2012 年 11 月第 1 版 2012 年 11 月第 1 次印刷

書號 ISBN 978 -7 -5013 -4821 -3

定價 12000.00 圓(全三十五冊)

中國古代地方志之災異記録

（代前言）

羅　琳（中國科學院國家科學圖書館研究館員）

中國古代的近萬種地方志（包括鄉土志），雖然只是中國古代典籍中的一小部分，但由於其連續性、紀實性、全面性以及其類目設置的專門性，故其中集中記載了大量有關中國古代的自然災害和自然異常現象。研究地方志對這些自然災害和自然異常現象記録之規律、特點，對開發、利用地方志是十分必要的。

一、災異記録之分佈

中國古代的自然災害和自然異常現象記録在中國古代典籍中多有分佈，比如《詩經·小雅·十月之交》就有記載：『燁燁震電，不寧不令。百川沸騰，山冢崒崩。高岸爲谷，深谷爲陵。』其描述的是公元前七七六年，周幽王六年時的一次大地震，而且還描述了震前的電閃雷鳴及其地震引起的山崩現象。但中國古代的自然災害和自然異常現象的記録主要還是分佈在二十五史、筆記小説和地方志中，而地方志中記録的自然災害和自然異常現象又尤其多，並有其特點。

在二十五史中，自然災害和自然異常現象的記録主要分佈在『五行志』、『天文志』和『災異志』中。如：《新唐書・五行志》①：唐『大曆十年四月甲申，雷雹，暴風拔木飄瓦，人有震死者，京畿害稼者七縣』；《明史・天文志》②：明『天啓四年正月癸未，日赤無光，有黑子二三蕩於旁，漸至百許，凡四日』；《清史稿・災異志》③：『順治元年，沙河大雨雹。二年三月，平樂雨雹，大如鵝卵』。

在筆記小説的記録中，記録自然異常現象的較多，而記録自然災害的相對較少。如《壺天録・卷上》④：上海，清光緒六年『三月初五下午時，滬上居人，見有黑氣一道，自西北而東南，橫亘中天，長不可以尋丈計，俄而色變白，約半時始滅隱焉』；《搜神記・卷六》⑤：『周哀王八年，鄭有一婦人，生四十子，其二十人爲人，二十人死』；《獨異志・卷上》⑥：『牛哀病三月，化而爲虎，遂食其虎，復化爲人。當其爲虎時，不知其爲人；及其爲人，又不知其爲虎』；《老學庵筆記・卷三》⑦：『蜀，孟氏時，苑中忽生百合花一本，數百房，皆並蒂。圖其狀於聖壽寺門樓之東頰壁間，謂之瑞百合圖，至今尚存。乃知草木之妖，無世無之』。這些多是關於自然異常現象的記録。

中國古代地方志是記録自然災害和自然異常現象最多，而且是最有特點的一類中國古典文獻，如《河南通志》⑧，在其『祥異志』中就有選擇地記録了河南地區（省）先秦至明末共五百七十二條重大的自然災害和自然異常現象。

在地方志中，自然災害的記録主要集中在『祥異志』或『災祥志』中。如：《甘肅通志·祥異》⑨：元『至元三年三月，河州大雪十日，深八尺，馬駝牛羊，凍死者十九。民大饑』；《蘇州府志·祥異》⑩：『吳太元元年八月朔，大風，江海涌溢，平地深八尺』；《普安直隸廳志·災祥》⑪：明萬曆四十三年『春二月，雨雹大如鷄子，深三尺，方三十里，毀民舍無算』；《陳留縣志·災祥》⑫：『邑澧池，素無泉。景泰間，水忽溢出，文肅公旋拜相』。

而記録自然異常現象的，除了『祥異志』或『災祥志』外，在地方志的其他部類中也有分佈，只是比較分散，相對數量較少。如：《金鄉縣志略·事紀》⑬：漢河平四年『四月，山陽火生石中……哀帝建平四年四月，山陽雨血』；《岳州府志·司天考》⑭：元至正十一年，『江南群鼠擁如山，尾尾相銜渡江。過江東，來湖廣，群鼠數十萬，渡洞庭，望四川而去。夜行晝伏，路皆成溪，不依人行正道，或遺道側，其羸弱者不及去，道死』；《高密縣志·雜稽》⑮：清咸豐八年，『亢旱，村人禱雨於龍王廟，午後龍潭水忽旋轉如飛，有金龍一，僅尺許，細如指，逐波上下，倏忽之間，雷電交作，大雨如注』。

二、災異之記録方式

自然災害是一種客觀事實，所以地方志對自然災害的記録往往用客觀描述的方法，如水災、火災等。《汝州全志·災祥》⑯：元至大二年，『大水，汝州死者九十二人』；《歸德府志·災祥略》⑰：明洪武三十一年『夏四月，歸德州大火，延燒軍民一百二十餘家，儒學皆焚』；《松江府志·祥異志》⑱：元至順元年『庚午秋閏七月，平江、嘉興、湖州、松江三路一州大水，壞民田三萬六千六百餘頃，被災者四十萬五千五百餘户。松江府飢民萬八千二百户』。這些記録往往對自然災害造成的後果有定性（災害的種類）、定量（統計數字）的描述。

而自然異常現象一般是一種表現或感覺，所以對自然異常現象的記録往往參入自已的主觀感受。如《海寧州志稿·雜誌》⑲：清光緒二十三年，『長安旌忠寺北，每日傍晚有白氣，迷茫如霧，氤氳如蒸，距地二尺許。後浙路築站於此，始滅。人謂白霧籠地，深谷爲陵』；《許昌縣志·雜述》⑳：清咸豐七年『十二月晦日、八年正月元旦夜，村外火光甚多，如萬燈羅列，有數燈合爲一燈者，有一燈散爲數燈者。人追之則漸遠，不追則漸近，人心驚惶，訛言屢起』；《民國高密縣志·雜稽》㉑：清乾隆二十八年，

『伏日凌晨，見花間草際，綴泡影壘壘，如鈴如球，朝日晃耀如五色流離，燦爛彌漫四野，一望無際，至午漸消。野老驚詫，以爲前所未聞』；《郟縣志·雜事·災異》㉒：明崇禎十四年，『縣西北水泉盡竭，有鳥大如鳩，褐色、肉翅、獸蹄，群飛自西北來，棲水洲沙上，人羅而食之，呼爲沙鷄，或謂之番雁，守城兵刃，皆生火光』；《河南府志·祥異》㉓：明崇禎十三年，『天象見異頗多，而地亦有變……七月中，某日，夜有大霧。至日，草木頭皆有冰凝，若禾穗，謂之曰「木介」。按《天元玉曆》云：「木有介，大人惡之」。時有詰大人爲誰，應之曰，在城尊者，無逾於道臺。又曰，在位之大人，不有福國主；不在位之大人，不有吕司馬乎。不期次年，福主、吕公同時被害，守道亦不免焉。變不虛生，信哉』。自然異常現象的記録，往往用描寫的筆法較多，而無法用定性、定量的方法進行客觀的、理性的描述。正因爲如此，古人對自然異常現象的記録往往摻雜着神秘色彩和占卜思想。『兇吉何驗，占天者當知之。蒼蒼者天，凡有禍福之兆，懸象於上者不一，何愁與笑之有！』㉔

三、災異記録之統計分析

對中國古代地方志中所記録的自然災害和自然異常現象，可以進行多方位、多角度、多層次的比對和統計分析。研究其頻率之疏密、强度、造成後果之大小等，對解讀其地歷史上之氣候環境、人口變遷、農業生産、吏治等等都十分必要； 對現今其地之開發建設，也不無借鑒之作用。

以河南省爲例，清初時河南轄八府一州，統計其記録的明代自然災害和自然異常現象如表一。從表一可以看出，懷慶府記録的明代的自然災害和自然異常現象最多，共一百零一條，約占總量的百分之十八。如果將其作爲影響當時社會變化之參數之一，其對社會之作用相對於其他地區（府），必然要强烈。

表一　明代河南府州自然災害和自然異常現象之統計

河南省明	開封府㉕	歸德府㉖	衛輝府㉗	彰德府㉘	懷慶府㉙	河南府㉚	汝州㉛	南陽府㉜	汝寧府㉝	合計
代災異統計	五一	三八	六六	九〇	一〇一	一〇〇	四一	四四	六〇	五九一
百分比	九	六	一一	一五	一八	一七	七	七	一〇	一〇〇

開封府轄三十四州縣，數量居八府一州之最，其下轄之尉氏縣之《尉氏縣志·星野志·災祥》記録明代自然災害和自然異常現象共六十五條；下轄之陳留縣之《陳留縣志·災祥》記録明代自然災害和自然異常現象共二十七條。以此推算，開封府下轄之三十四州縣累計記録明代自然災害和自然異常現象應不少於一千條。而《開封府志》却只選擇性地記載了明代的自然災害和自然異常現象共五十一條，約占總量的百

分之九，只有懷慶府之一半，在八府一州之中是較少的。這説明在明代開封府發生的重大自然災害和自然異常現象遠遠少於懷慶府。

河南之縣志記録河南明代的自然災害和自然異常現象不少於一千條，河南府志記録河南明代的自然災害和自然異常現象共五百九十一條（見表一），而河南之通志[34]記録河南明代的自然災害和自然異常現象共一百二十六條。由此可見，中國古代地方志對自然災害和自然異常現象之記録呈寶塔形，塔底爲縣志，塔身爲府志，塔尖爲通志。府志從縣志中抽取重要的自然災害和自然異常現象予以記載，通志從府志中抽取重大的自然災害和自然異常現象予以記載。

注釋：

①（宋）歐陽修、宋祁撰：《新唐書》，中華書局一九七五年版。

②（清）張廷玉等撰：《明史》，中華書局一九七四年版。

③（清）趙爾巽等撰：《清史稿》，中華書局一九七六年版。

④（清）百一居士撰：《壺天録》三卷，民國上海文明書局石印《清代筆記叢刊》本。

⑤（晋）干寶撰：《搜神記》二十卷，商務印書館一九五七年版。

⑥（唐）李亢撰：《獨異志》三卷，中華書局一九八三年版。

⑦（宋）陸游撰：《老學庵筆記》十卷，中華書局一九七九年版。
⑧（清）賈漢復修，沈荃纂：《河南通志》五十卷，清順治十七年（一六六〇）刻本。
⑨（清）許容修，李迪等纂：《甘肅通志》五十卷首一卷，清乾隆元年（一七三六）刻本。
⑩（清）李銘皖、譚鈞培修，馮桂芬纂：《蘇州府志》一百五十卷首三卷，清光緒八年（一八八二）刻本。
⑪（清）曹昌祺等修，覃夢榕等纂：《普安直隸廳志》二十二卷，清光緒十五年（一八八九）刻本。
⑫（清）鍾定纂修，武從超續修，趙文彬續纂：《陳留縣志》四十二卷首一卷，清宣統二年（一九一〇）石印本。
⑬（清）李壘纂修：《金鄉縣志略》十二卷首一卷，清同治元年（一八六二）刻本。
⑭（明）鍾崇文纂修：《岳州府志》十八卷，明隆慶（一五六七—一五七二）刻本。
⑮余有林、曹夢九修，王照青纂：《高密縣志》十六卷首一卷，民國二十四年（一九三五）鉛印本。
⑯（清）白明義修，趙林成纂：《汝州全志》十卷首一卷，清道光二十年（一八四〇）刻本。
⑰（清）陳錫輅、永泰修，查岐昌纂：《歸德府志》三十六卷首一卷，清光緒十九年（一八九三）重刻乾隆十九年（一七五四）刻本。
⑱（清）宋如林修，孫星衍、莫晋纂：《松江府志》八十四卷首二卷圖一卷，清嘉慶二十三年（一八一八）刻本。
⑲（清）李圭修，許傳沛纂，劉蔚仁續修，朱錫恩續纂：《海寧州志稿》民國十一年（一九二二）鉛印

本。
⑳王秀文修，張庭馥纂：《許昌縣志》二十卷，民國十二年（一九二三）石印本。
㉑余有林、曹夢九修，王照青纂：《高密縣志》十六卷首一卷，民國二十四年（一九三五）鉛印本。
㉒（清）姜篪修，郭景泰纂：《郟縣志》十二卷，清咸豐九年（一八五九）刻本。
㉓（清）朱明魁修，何柏如纂：《河南府志》二十七卷，清順治十八年（一六六一）刻本。
㉔（清）百一居士撰：《壺天録》卷上，民國上海文明書局石印《清代筆記叢刊》本。
㉕（清）管竭忠纂修：《開封府志》四十卷，清同治二年（一八六三）補刻康熙三十四年（一六九五）刻本。
㉖（清）陳錫輅、永泰修，查岐昌纂：《歸德府志》三十六卷首一卷，清光緒十九年（一八九三）重刻乾隆十九年（一七五四）刻本。
㉗（清）德昌修，徐郎齋纂：《衛輝府志》五十三卷首一卷末一卷，清乾隆五十三年（一七八八）刻本。
㉘（清）黄邦寧修，景鴻賓、童鈺纂：《彰德府志》二十四卷首一卷，清乾隆三十五年（一七七〇）刻本。
㉙（清）唐侍陛、杜琮修，洪亮吉纂：《新修懷慶府志》三十二卷首一卷圖經一卷，清乾隆五十四年（一七八九）刻本。
㉚（清）朱明魁修，何柏如纂：《河南府志》二十七卷，清順治十八年（一六六一）刻本。

㉛（清）白明義修，趙林成纂：《汝州全志》十卷首一卷，清道光二十年（一八四〇）刻本。

㉜（清）孔傳金纂修：《南陽府志》六卷圖一卷，清嘉慶十二年（一八〇七）刻本。

㉝（清）德昌修，王增纂：《汝寧府志》三十卷首一卷，清嘉慶元年（一七九六）刻本。

㉞（清）賈漢復修，沈荃纂：《河南通志》五十卷，清順治十七年（一六六〇）刻本。

總目録

第一册

上海市

第二冊

山東省

第三冊

第四冊

第五冊

第六冊

第七冊

第八冊

第九冊

第十册

第十一冊

江蘇省

第十二冊

第十三冊

第十四冊

第十五冊

第十六冊

第十七冊

浙江省

第十八册

第十九册

第二十冊

第二十一册

第二十二冊

第二十三册

安徽省

第二十四册

第二十五册

第二十六册

第二十七册

江西省

第二十八册

第二十九册

第三十册

第三十一册

福建省

第三十二册

第三十三冊

第三十四冊

第三十五册

臺灣省

第一册目録

上海市

(明)方岳貢修　(明)陳繼儒等纂

【崇禎】松江府志

明崇禎三年(1630)刻本

災異

春秋書災不書祥志戒也古者遇災而卜師有規工有諫瞽史嗇夫廢人以奏以馳以走蓋夙夜實廪廪焉天之意若曰令人喜不若令人懼也志災異

秦始皇時長水縣有童謡曰城門當有血城陷没爲湖一老嫗旦旦往窺城門門侍欲縛之嫗言故嫗去後門侍殺犬以血塗門嫗又往見血亟走不敢顧忽大水至淪陷爲谷因目曰谷水

吳大帝黃龍三年二月由拳野稻自生

晉元康中婁人懷瑆家忽聞地中有犬聲視聲發處有竅如蟥穴掘入數尺得犬子雌雄各一目猶未開大于常犬哺之能食還置穴中覆之越宿不見尸子曰地中有犬名地狼夏鼎志曰掘地得狗名賈或云犀犬得之者其家富昌瑶家累歲亦無它禍福也

晉成帝咸和六年正月景辰月入南斗占曰有兵是月石勒殺略婁武進二縣　晉末亭林地裂

數尺中有波濤聲探之火起

宋武帝永初二年六月白烏見吳郡婁縣太守孟顗以獻

宋文帝元嘉十七年劉斌爲吳郡婁縣有一女忽夜乘風雨恍惚至郡城內自覺去家炊頃衣不沾濡曉在門上求通言我天使也斌令前因曰府君宜起迎我當大富貴不爾必有凶禍鬧所以來亦不自知也謂是狂人以付獄後二十日斌誅

高宗紹興四年十月丁未夜華亭縣大風電雨雹

大如荔枝實壞舟覆屋

宋建隆初澱湖三姑廟後一山湧出波浪中隱隱

與水平久之寖大

二十九年華亭大饑人民食糠粃

淳熙甲辰歲大風有二龍戰于澱湖殿宇浮屠爲

之飛動頃之一龍蟠護其上遠近皆見之

度宗咸淳六年十一月華亭縣大水

大德辛丑秋七月朔大風屋瓦樓楯掣入空中繼

而海溢殺人民壞廬舍
元統甲戌五月雨雹大者如鷄子小者如蓮菂雹
有一眼若瑚琢者
元順帝至正丙戌閏十月二十九日夜松江普照
寺西製帽民姚姓失火延燎五千餘家重門邃
館梵宇靈宮俱盡惟夏氏收藏書畫樓獨存
辛卯夏普照僧房一敝帚開花
二十四年甲辰六月二十三日夜四更松江近海
處潮忽至人皆驚訝以非正候至辰時潮方來

乃知非潮也瀰瀰向不通潮此時亦湧起高三四丈

至正乙未七月六日夜松江孫元璘自平江歸泊一舟城西方撤蓬露坐忽見一星大如杯碗色白而微青長四五丈光燄燭天戞然有聲由東北方飛入月中而止此時月如仰瓦正乘之無偏倚丙申二月官軍亂是歲正月楓涇戴君實家柳樹若牛鳴者三

丁酉上海民家雞伏七雛一雛作大雞狀鼓翼長

鳴

辛丑四月朔日將沒忽無光作蕉葉樣天黑如夜

星斗燦然食頃天再明又少時乃沒

壬寅八月上海民家閹牡狗生小狗八其一爪吻

紅如血

甲辰四月楊巷西清菴廊柱有聲如以桶覆水面

而擊底者以手按之則振掉而起凡十九閒皆

然經時乃止

丙午八月上海牧羊兒見流光中隕一魚是日縣

市人指流星自南投北即此時志云天隕魚人
民失所之象
洪武庚戌七月十六日大風從海上來塵沙蔽空
中有物如烏鳶亂飛又類屋尾至沙岡漸下集
于里人林彥英家風息視之垣屋四周皆楮幣
也人呼鈔飛林
永樂初連歲大水乙酉六月朔雨至于十日高原
水數尺窪下丈餘
正統九年冬十二月大雪七晝夜積高一丈二尺

民居不能出入皆就雪中開道往來鄉城一望皆白名曰雪際門明年有倭寇之亂

成化乙未春四月吳地大震旦視之遍地生白毛

弘治壬子春芥生華亭學聚奎亭下蔭地可丈餘葉大如芭蕉花生墻上二尺許

弘治甲子六月十四日五色雲見西北初若鳳二羽俄敷如連山光華爛然移時乃散

弘治乙丑九月十三日有風如火從東南來再至益厲已而地大震聲如萬雷後數日有星東北

流墜于海光如火聲如雷或云天狗也明年有
崇明之變
正德己巳七月南禪寺樹鳴冬極寒竹松多槁死
橙橘絕種數年市無鬻者黃浦潮素洶湧亦結
氷厚二三尺經月不解
正德庚辰二月丙戌雷火燬直隸金山衛城樓及
華亭縣學魁星樓
正德庚午二月華亭十四保胡經家樹鳴六月大
風々田圍九月訛言有兵居民皆走城幾空驟

日市人傾而東言兵已至婦女有入井死者

嘉靖癸巳六月中旬魋[illegible]地方白日蛟起禾苗傷盡四十年五月十四日佘山前蛟復起水湧丈餘萬曆二十五年五月廿八日鍾賈山蛟起崩西南一角三十六年五月十七日鳳凰山蛟起張東海墓前倏忽成潭

嘉靖丁未泖塔上大風中見古木爲蜃出沒巨浪中丙辰風雨狂驟咫尺莫可辨

嘉靖辛亥地生白毛長七八寸民間床壁下亦有

癸丑魑魎鎮有婦人忽生髭鬚明年遂有倭亂

嘉靖癸丑正月朔日食晝晦至六日黑日亂墜移時乃止青浦舊治將廢邑屢生妖邑令夫人方食次碗中一蝦蟆跳出盤旋几席驅之不去夫人驚悸成疾卒俄而邑廢

嘉靖乙卯寶山人家畜一鷄捎翼長鳴作人言不越歲倭夷入燒香陽山遂肆焚掠

嘉靖戊午秋八月民訛傳有狐精夜入人家爲祟遭之者如夢魘家用金鼓警守聲振天地或躬

水待之達曙乃息

嘉靖庚申夏郡西南五舍鎭天隕一石越數月其石自動忽一夕風雨失去

嘉靖辛酉夏五月大雨徹晝夜不息平地水深丈餘至秋水益潦田禾淹没殆盡塘橋居民富守禮家忽雷震異常門首一漁舟爲雷神攝置屋上至壬戌復大饑

隆慶戊辰正月西郊外秀野橋油坊火延燒數百餘家風捲火如團飛渡河竹木悉爲焦土六畜

歿者無算是年民間訛言選童女入宮于是男
女年十歲以上者悉成婚配
萬曆甲戌十二月丙辰申刻大風自西北來倒屋
拔木飛瓦一晝夜不息
萬曆乙亥夏四月朔日食亭午食既白晝如晦五
月晦大風海濤怒號西注敗塘于濛闕六百五
十丈又敗塘于白沙二百丈漂沒廬舍百十區
民歿者數百人潮乘其缺再入[illegible]水味
俱鹹

萬曆丁丑十月彗星見西方大如車輪

萬曆戊寅冬澱湖忽湧氷成山約高數丈長二里許先是居民聞萬馬之聲從牖中窺之見燈火千餘及明乃見氷山月餘始融釋

壬午七月十三日大風拔樹屋瓦片吹空中如燕雀飛雨徹晝夜花荳皆槁死十月丁酉上海颶風從西北來舟皆覆没是年冬有陸姓者于五更時仰見天裂大于船少頃合

癸未正月朔地震棟宇搖動民間所貯磁器皆相

軋有聲

丙戌二月十二日日暈珥是月晦天雨黃沙

丁亥正月十四日木氷即木介也五月四日大雨
徹晝夜不息平地水深丈餘是年七寶鎭民家
一產一豕八足小蒸鎭有顧姓者畜一烏猪夜忽
變白

戊子大旱郡西南李塔滙塔頂仰盤中有一物盤
旋其間狀如猴數日方去或云此旱魃也夏四
月民屋壁見白堊狀如粉針五月大水七月廿

一日大風拔樹屋田禾悉没民大饑九月中旬
天初明時西南忽有紅白氣如龍亦如犬長竟
天

己丑正月雨木氷如筯民大饑五月大旱至七月
一不雨六月十八夜月中飛雪紛若吹絮攬之皆
六出七月庚申夜月中有白小星迸出如珠
辛卯七月十八日上海海溢自一團至九團幾百
里飄没廬舍數千家男婦死者萬餘口六畜無
算十九日近海居民從海灘撈屍遇潮至群起

登岸陡傳倭至時大雨徹晝夜不息民奔入上
海城至廿一日城中水深二尺城閉閘外叫號
聲知縣楊遇亟登城問故啓關納之爭入關死
城下者數十人時渡海没風濤者不可勝計十
月雷電時作至晦夜大震
辛卯閏三月彗星在西北方室壁度尾長二尺
壬辰六月五日府儀門三座忽摧前架傷七人四
一人隨欻時知府詹思虞捐金殮之七月丁卯夜
二鼓有星貫月而出又起果寺南民家產一鷄

冠紛披兩旁中突一角十月丙午地震

癸巳正月巳未府堂墀下有黑氣冲西北去七月彗星見東北在井宿度尾指西南方長三尺餘

甲午太守椰希點方登堂馬直入堂上驚跳左右潰散良久就縶乃止

乙未正月戊寅寅刻天鼓鳴地大震起西方由東南至西南三刻止屋宇動搖十二月二十三日鄒塔潮音閣大士放白光如疋練長亘千尺是日風從東北來幢幡從逆風飄蕩

丁酉二月青浦天降雨黑點時著白衣三月丙辰
申刻青浦見日旁有黑日摩盪其一掩日自南
而北移時雲起始沒不見
丁酉五月廿八日大雷雨盧山西南一角崩
戊戌秀野橋張氏灶下地湧血三月上海二十九
保民婦有娠忽嘔出一兒寸許形體畧具驚擲
之即失所在
己亥新場居民嚴四者以賣鍋爲業其家一母猪
產三猪其一人首白體鼻方而長前二蹄乃人

手後二蹄豬形也

己亥七月廿七酉刻聞鬼車聲在空中旣而遍地鬼吽有以紙炮震之時謠云天上鬼車吽城中俱放炮不知因甚來朝廷要納鈔次年果有抽稅之舉孫稅監率地棍建稅司于跨塘橋凡支流咸置鎖柵更令械船各處巡擄商賈俱受索詐民甚苦之不久旋革

庚子上海倉側民家產水犢兩首六足前四後二

辛丑六月十七日大雨如注遍晝夜不息北鄉田

禾盡没天氣忽寒烈後聞杭州富陽下雪尺餘

甲辰二龍戰於黃浦之孫家灣傍浦合抱大木盡拔起壞民居數十處

丁未三月鄉人李應科忽見三日並出同舟數人共見之先是金山衛地方亦曾見三日海防二守繪圖以傳七月庚申夜五鼓東北方彗星出于井宿尾指西南長一尺十一月丙午自辰至午日忽失光晃漸大色漸朱申酉之間燭地如血

戊申夏六月有龍見於黃浦龍華港口鱗白於鐵
目光如炬龍首有一神立其上
庚戌三月庚子初更大雨鬼嘯鄉城自昏及旦民
間放炮逐之四月癸未白虹貫日
庚戌三月廿六日太清庵外有二馬跑哮走徑奔
府堂
壬子四月徐氏家生一雞一頭四翼四足兩尾
癸丑五月初三夜大雨雷擊西林塔焚三級三日
火不絕五月廿一夜雨雷電竟夕鴉數百聚唐

橋鎮後

丁巳正月辛巳酉刻月食旣色赤黃十二月己未夜丑寅二刻西北方雷震煇電

戊午五月朔日中有黑氣六月三日月色如赤日移動不一九月辛亥五更東南方白氣濶尺餘長二丈如疋練東至軫西入翼尾西北向光芒遠射占爲蚩尤旗千月中沒十月己丑彗星出東井光射北斗占爲長星

己未元旦五更鬼鷇如數十鬼車鳥聲由東南至

西北

泰昌元年庚申八月丁卯日没後有白虹長數丈

自西北至東南横亘天十月二十日寅刻震電

是夜月圓如望

天啓壬戌二月庚寅黄沙四塞日色黯白壬辰復

雨沙午後蔽日四塞三月巳未晡時有黑氣如

日數顆掩日摩盪如相鬭狀六月壬申申刻日

兩旁抱珥暈氣黄赤

癸亥三月十三日巳刻天鼓鳴地大震十六日午

刻後震海上地生白毛六月望後熒惑入南斗魁逆行辛巳以後守斗口七月乙卯夜順行復入魁逾五十日不退舍八月壬戌昏刻熒惑犯斗魁東第一星是夕月在角初度初時月如旁弧太白若彈丸少頃太白爲月所食十二月丁未申刻地大震聲如風雨自西北徙東南屋宇動搖久之鄉鎮皆然

甲子正月癸未日赤如赭慘淡無光申刻有黑氣如日與太陽相盪摩日色赤如血復變青藍色

人久視不眩二月乙酉朔日出没有黑氣如日與太陽相盪飛流不定是日日赤如赭癸巳日没後有星大如碗色赤從西至東化爲二星一大一小一赤一白相去尺餘尾光耀地復從東流至翼軫而没庚子午刻兩日相盪是夜子刻月食甲辰日色變白無光烈風雨沙凡三日壬戌卯刻日色變白黑日數顆掩日相盪三月戊午卯刻兩日相盪者久之庚申夜一鼓黑虹見于南方其長亘天五月中旬後淫雨徹晝夜不

止遂成巨浸秧苗菜麥幾盡歲饑
乙丑三月大雨雹傷麥七月日下有暈如黑日欲蝕狀又有大星現東方紅芒四射是歲啓明不見者半載
丙寅七月初一日颶風霖雨兩日夜拔木震屋郡譙樓盡傾水勢頓添數尺二月八日大北風雨雹殺麥七月二十一日大風雨摧蕩廬舍城內外有執蓋過橋者漂溺多死

（清）宋如林修 （清）孫星衍、莫晋纂

【嘉慶】松江府志

清嘉慶松江府學明倫堂刻本

祥異志

自來讖緯家言儒者恒不屑道矧我
國家中和位育品物咸亨調燮所周直與天地相參贊不惟異無足憑亦祥無足紀然而人事之休咎兆在先幾誠形之理自不可掩是又都人士所當鑒而知畏者也志祥異

秦始皇時長水縣（即由拳縣亦曰囚倦）有童謠曰城門當有血城陷沒爲湖一老嫗旦旦往窺城門門侍欲縛之嫗言其故嫗去後門侍殺犬以血塗門嫗又往見血走去不敢顧

忽大水至淪陷爲谷因目曰谷水神異傳

漢海鹽縣淪没爲柘湖移治武原復陷爲當湖今柘湖在華亭界又湮爲平陸矣顧志

文帝十二年癸酉吳地有馬生角干寶搜神記

三國吳黃龍三年辛亥夏由拳野稻自生册府元龜

建興二年甲辰十一月有大鳥五見於春申吳人以爲鳳皇明年改元爲五鳳晉書五行志

晉惠帝元康中吳郡婁縣懷瑤家忽聞地中有犬子聲掘之得犬子雌雄各一目猶未開形大於常犬也哺之而食左右咸往觀焉長老或曰此名犀犬得之者令家富

昌搜神記 晉書五行志云碫以磨石經宿失所在

成帝咸和六年辛卯春正月丙辰月入南斗占曰有兵是月石勒將劉徵從海道入寇殺略婁武進二縣宋書天文志

安帝隆安四年庚子十二月太白在斗晝見至五年正月乙卯按占災在吳越四年五月孫恩復破會稽五年孫恩攻句章高祖拒之五月吳郡內史袁山松出戰爲所殺宋書天文志

隆安初吳郡治下狗恆夜吠聚高橋上人家犬有限而吠聲甚衆或有夜出覘之者曰狗皆有兩三頭皆前向亂吠無幾孫恩亂於吳會宋書五行志

晉末亭林地裂數尺中有波濤聲探之火起顧志

宋成帝永初二年庚申夏六月白烏見吳郡婁縣太守孟顗以獻宋書符瑞志

文帝元嘉十七年庚辰劉斌爲吳郡婁縣忽有一女子夜乘風雨恍惚至郡城內自覺去家炊頃衣不沾濡曉在門上求通言我天使也府君宜起迎我當大富貴不爾必有凶禍斌謂是狂人以付獄符其家迎之數日乃得去後二十日斌誅宋書五行志

齊明帝建武二年乙亥三年丙子四年丁丑每秋七月八月輒大風三吳尤甚發屋折木殺人南齊書五行志

梁武帝天監元年壬午八月壬寅熒惑守南斗占曰糴貴

五穀不成大旱多火災吳越有憂是歲大旱米斗五千人多餓死隋書天文志

隋文帝開皇十二年壬子五月癸巳有流星隕於吳郡爲石其後大軍破逆賊劉元進於吳郡斬之隋書天文志

唐高祖武德七年癸未河間王孝恭征輔公祏宴羣帥於舟中孝恭以金盌酌江水將飲之化爲血孝恭曰盌中之血公祏授首之祥新唐書五行志

穆宗長慶四年甲辰蘇湖二州大水太湖決溢文獻通考

宋太祖建隆二年辛酉秋七月壬戌大風拔木九月庚戌夜所在地震響如雷吳越備史

建隆初澱湖三姑廟後一山涌出波浪隱隱與水平久之寖大顧志

眞宗乾興元年壬戌秀州水災民多艱食宋史五行志

仁宗天聖元年癸亥六月蘇秀二州湖田生聖米饑民取之以食文獻通考

皇祐二年庚寅十一月丁酉夜秀州地震有聲自西北起如雷宋史五行志

神宗元豐六年癸亥正月大雨至六月太湖汎溢蘇湖秀等州城市並遭水浸田不布種廬舍漂蕩民棄田賣牛散去乞食范祖禹論浙西賑卹狀

哲宗紹聖元年甲戌蘇秀等州海風壞民田

元符二年己卯六月久雨是歲兩浙湖秀等州尤罹水患

徽宗大觀三年己丑八月蘇湖常秀諸郡水災以上宋史五行志

政和五年乙未蘇湖常秀諸郡水災文獻通考鹹潮入內地四鄉皆爲斥鹵民流徙他郡顧志

高宗紹興四年甲寅冬十一月丁未夜秀州華亭縣大風電雨雹大如荔枝實壞舟覆屋夷堅志

九年己未大饑斗米千錢道殣相望顧志

二十年庚午十月丁未秀州華亭風雷雨雹激射如箭彈覆舟壞屋宋史五行志

孝宗隆興二年甲申平江府常秀州華亭縣大饑人食秕穅文獻通考

淳熙二年乙未大風有二龍戰於澱湖殿宇浮圖爲之飛動頃之龍蟠護其上遠近皆見之顧志

光宗紹熙五年甲寅七月乙亥秀州大風駕海潮害稼文獻通考

元世祖至元二年乙丑順州及淮西安豐松江饑

二十九年壬辰六月鎮江常州平江嘉興湖州松江紹興等路府水元史五行志

仁宗皇慶二年癸丑松江府大風海水溢元史五行志

延祐元年甲寅大旱袁介有蹈災行張之象上海志

文宗至順元年庚午秋閏七月平江嘉興湖州松江三路一州大水壞民田三萬六千六百餘頃被災者四十萬五千五百餘戶元史五行志

松江府饑民萬八千二百戶命有司從宜賑之文宗紀

三年壬申杭州鎮江嘉興常州松江江陰水旱疾疫敕有司發義倉糧賑饑民五千七萬二千戶元史文宗本紀

順帝元統二年甲戌夏五月雨雹大者如雞子小者如蓮菂雹有一眼若瑚琢然顧志

至元二年丙子松江大旱

三年丁丑歲饑夏六月民訛言有欲括男女為奴婢一時嫁娶殆徧 輟耕錄

至正四年甲申李君佐過浦見一青雞立於日上不見其足李拜跽觀至沒而去 楊瑀山居新語

六年丙戌冬閏十月癸卯夜松江普照寺西業帽者失火延燎五千餘家 陳志

八年戊子夏四月辛未平江松江水災 元史順帝本紀

十一年辛卯夏普照寺僧房一敝帚開花 輟耕錄

十五年乙未秋七月己丑夜有星大如杯盌色白而微青尾長四五丈其光燭天戛然有聲由東北方飛入月

中時月如仰瓦正承之無偏倚明年二月官軍亂越三日苗軍復大殺掠兩月乃息漢獻帝時一次星入月天下亂宋丁亥歲再見兩淮亂見張端義貴耳集是時天下已亂而松江之禍尤慘豈獨應其兆也郭志

十六年丙申春正月風涇戴君實家柳樹若牛鳴者三不一月苗軍至又兩月屋燬於兵輟耕錄

十七年丁酉上海民家雞伏七雛一雛作大雞狀鼓翼長鳴郭志

二十一年辛丑夏四月朔辛巳日將沒忽無光作蕉葉樣天黑如夜星斗燦然食頃日乃復明王隱晉書日無光臣有陰謀京房易傳曰臣專刑茲謂分威日蒙微而不明按元史天文志是日日有食之據顧志所載似是食既故存之

以備考

二十二年壬寅秋八月上海民家閹牡狗生小狗八其一爪吻紅如血牡物而生見陽化陰也犬屬金爪吻紅火也兵火之象並顧志

二十四年甲辰夏四月十五日五保楊巷西青庵廊屋一十九間每間屋柱有聲若以桶覆水而而擊其底以手按之則振掉而起經時乃止乾坤變異錄人家宮室無故有音聲主兵起若人家主家亡

六月二十三日夜四更松江近海去處潮忽驟至人皆驚訝以非正候至辰時潮方來乃知先非潮也湖泖素不通潮此地忽平涌起高三四尺平江嘉興路亦如之五行志云水自盈溢主兵興乾坤變異錄河水大涌臣下執政有背叛輟耕錄

二十六年丙午上海牧羊兒見流光中隕一魚五行志云天隕魚人民失所之象張氏有國時松江上海邑中墜一海魚長幾二丈名曰闊霸農田餘話

元末金山鐵工妻張氏一產三男楊維禎有詩郭志

明太祖洪武三年庚戌秋七月十六日大風從海上來塵沙蔽空中有物如烏鳶亂飛又類屋瓦南橋寺旛竿爲之折至沙岡漸下集於里人林彥英家風息視之垣屋四圍皆楮幣也家遂溫裕人呼鈔飛林林氏家傳

按山居新話後至元時青村鹽場有蘆一枝飛空中後有鈔隨之而飛集於里人林清之佛堂閣上與此小異

八年乙卯十二月嘉興松江俱水明史五行志

二十三年庚午海溢松江海鹽溺死竈丁二萬餘人湧幢小品

成祖永樂元年癸未上海饑明史五行志

二年甲申六月蘇松嘉湖四府饑明史秋七月初二日風雨大作海溢漂溺千餘家顧志田爲鹹潮所浸苗盡槁金山縣志

三年乙酉夏六月朔雨至十日高原水數尺窪下丈餘顧志

仁宗洪熙元年乙巳夏蘇松嘉湖積雨傷稼明史

英宗正統三年戊午富林焦震家生瑞竹二本異梢同幹森然齊長七年瑞竹再生震隱居教授與弟兩友愛深至人以爲和氣所鍾王昶青浦志

四年己未七月蘇松常鎮四府大風拔木殺稼明史

九年甲子秋七月十七日大風拔木發屋雨晝夜不息湖海漲壅平地水深數尺壞室廬無數濱海居民有全村漂沒者周文襄忱奏疏冬十二月大雪七晝夜積一丈二尺民居不能出入就雪中開道往來郡城一望皆白明年有倭寇之亂陳志

景帝景泰四年癸酉七月蘇松淮揚廬鳳六府皆水明史

五年甲戌正月大雨雪四旬不止湖泖皆冰夏大疫死
者無算郭志七月蘇松大水明史
英宗天順五年辛巳七月崇明嘉定崑山上海海潮衝決
溺死萬二千五百餘人明史
憲宗成化八年壬辰秋七月十七日大風雨海溢漂没死
者萬餘人鹹潮所經禾稼並槁郭志
十一年乙未夏四月地大震生白毛陳志
十七年辛丑春夏旱秋七月大風雨九月朔雨至於冬
十月禾不登十一月冬至大雷電雨雪明年饑張之象上海志
孝宗宏治四年辛亥雨水害稼五年復然是春芥生華亭

學聚奎亭下蔭地丈餘葉大如芭蕉花出牆一尺許華亭縣志

八年乙卯蘇松嘉湖四府饑明史

十一年戊午夏六月江海泖湖水溢郭志

十二年己未蘇松常鎮大雨彌月漂室廬人畜無算明史

十四年辛酉十月地震郭志

十六年癸亥夏四月大雨雹損麥沙岡牛馬有擊死者上海張志

蘇松常鎮夏秋旱九月甲午南京及蘇松七府同日地震明史五行志

十七年甲子夏六月西北五色雲見初若鳳一羽俄數

如蓮山光華爛然移時迺散郭志是年薛山顧廷儀家生瑞竹一莖兩幹王祖青浦志

十八年乙丑秋九月有風如火從東南來已而地大震後數日有星東北流墜於海越明年有秦璠王艮之變王祖青浦志

武宗正德元年丙寅大風雨海溢金山縣志

四年己巳秋七月初六日雨至十一日晝夜不止人民廬舍多漂沒先是上海南山有虎食人北延橫泖之上水至而去是冬極寒竹柏多槁死橙橘絕種數年市無鬻者羅玘圭峯集黃浦潮素洶涌亦冰厚數尺經月不解上海

張志

五年庚午春二月華亭白沙鄉十四保胡經家樹鳴夏麥多歧穗陸文裕有瑞麥賦六月大風破田閭民流離飢疫死者無算秋九月晦訛言有兵至市人須而東居民驚走婦女有投井死者郭志

六年辛未夏六月龍見黃浦東南所過焦禾壞屋郭志

七年壬申鳳陽蘇松常鎮旱

十二年丁丑蘇松常鎮嘉湖諸府皆水並明史五行志

十三年戊寅秋八月上海大水有九龍鬬於海陳志

十四年己卯秋八月大風雨損稼民飢華亭孫志云戊寅己卯兩歲水

災饑饉薦臻撫綏束手民益貧蠲官租逋欠至累萬石

十五年庚辰春二月丙戌雷火燬金山衞城樓及華亭縣學奎星樓（陳志）

世宗嘉靖元年壬午夏六月上海黃氏僕萬全妻生子頭項左右有肉角目在額上形如夜叉棄諸河秋七月大風雨壞官舍民居崇壽寺銀杏樹大數圍拔而仆地至冬忽一夕自立（上海張志）

二年癸未夏六月朔大雨震雹火燔縣南松江道院經日始息（上海張志）八月蘇松常鎭四府大水（明史）

三年甲申春二月夜地震（華亭志）

四年乙酉橫涇農孔方脊下產肉塊剖視之一見宛然

八年己丑秋七月飛蝗蔽天颶風大作驅蝗入海遺種明史五行志化爲蟹食稻郭志

九年庚寅蘇松旱明史

十二年癸巳夏六月中蛟起魎魍鎭禾苗傷盡郭志

十八年己亥秋閏七月上海海嘯風從東北起漂沒人民數萬南匯顧志旱蝗食禾幾盡王昶青浦志

十九年庚子六月蘇松大水溺死人數萬七月寧紹蘇松常五府濱海潮溢傷稼淹人明史

二十三年甲辰旱二十四年大旱米踊貴（郭志）

二十六年丁未大風中見古木爲蜃出沒巨浪中風狂雨驟咫尺莫可辨忽有異香絪緼從塔中出塔頂金光獨見（泖塔志）

二十八年己酉青浦地生白毛（王昶青浦志）

三十年辛亥地產白毛有黃色如鬃者尺餘（劉垓金山衛志）先是民謠曰地上白毛生妻兒老少一同行高橋鎮民家雞忽作人言曰燒香望和尚一事兩勾當明年倭奴浮海燒香半山遂登岸劫掠人民逃散是其應云（上海張志）有二虎浮海至金山衛傷三人（金山志）魖魆有婦人生髭鬚

陳志

三十二年癸丑春正月日食晝晦至初六日黑日亂墜移時乃止王昶青浦志　青浦舊治將廢邑屢生妖邑令夫人方食炙椀中一蝦蟆跳出盤旋几上驅之不去夫人驚悸成疾卒邑尋廢王圻青浦志　夏六月柘林民家產一兒甫出胎即逸牀下作啾啾聲甏之有毛角如夜叉獰鬼是年倭巢其地金山衛劉志

三十四年乙卯上海大疫六門出轊車日以百數棺肆不能給多以葦席裹尸至有一家枕藉無人收斂者上海張志

三十五年丙辰夏黑眚見華亭志冬十一月妖火見時兵火之後每見戰艦游行水上火中遙見人影動躍大雨如注燈亦不滅識者知爲兇氣未殄云金山縣志

三十七年戊午秋八月民間訛言有狐爲祟徹夜鳴金警守踰月始定陳志

三十九年庚申夏隕石於華亭五舍鎮越數日其石自動忽一夕風雨失去陳志

四十年辛酉夏五月癸未青浦佘山九蛟竝起涌水成河明史五行志

四十一年壬戌大饑斗米一百七十文飢民四出搶掠富戶囷倉殆盡有顧某者爲之魁知府臧繼芳擒治之

會米價稍平遂定雲間雜志
四十五年丙寅秋大風雨城市廬舍多傾壞坊表石柱
皆搖動上海張志
穆宗隆慶元年丁卯蘇松二府大饑明史三月上海枯樹竅
中煙出如縷夏四月民家生一豕其左蹄爲人手冬民
閒訛言遣中使選宮女數歲者皆婚娶配多非偶郭志
二年戊辰春正月華亭秀野橋油肆延燎數百家林木
俱焚冬十月夜雷電桃李花禾秀梅杏實郭志
三年己巳夏六月朔海溢壞捍海塘大風從東南起人
畜漂沒無數鹹潮入內地蟛蜞蟲爲害南匯顧志

六年壬申七月七日有物轟轟飛至華亭海濱墜於地乃鐘也鑄時年月具在識者謂其來自閩云明史五行志

神宗萬曆二年甲戌冬十二月丙辰大風自西北來倒屋拔木飛瓦一晝夜不息郭志

三年乙亥夏五月丁卯大風海溢壞捍海塘崇闕六百五十丈白沙二百丈漂沒廬舍死者數百人鹹潮入內地經歲爲斥鹵

六月毒熱農夫耕牛多中暑死金山衞劉志

五年丁丑夏六月蘇松迸雨寒如冬傷稼明史五行志冬十月彗星見西方大如車輪陳志

六年戊寅冬澱湖湧冰成山約高數丈長二里許先是居民

聞萬馬聲從牖中窺之見燈火千餘

及明乃見冰山川餘始融釋 陳志

十年壬午秋七月十三日海溢潮過捍海塘丈餘漂沒

人畜無數又大風雨徹晝夜壞稻禾木棉是歲饑 南匯顧志

冬十月十三日暴風從西北來江濤陡作舟皆覆沒縣

丞曹詩以公事詣府溺死 上海張志

十一年癸未春正月朔乙卯地震器物相軋有聲青浦

雨血 郭志

十四年丙戌春二月乙未晦雨黃沙是日擷野蔬食者

皆死 上海張志 冬蘇松木冰 聊史

十五年丁亥春正月癸卯雨木冰 陳志 五月至七月蘇松

諸府淫雨禾麥俱傷明史　按上海張志云自春及冬僅兩月晴夏秋異雷颶風麥禾花豆俱淹折南匯顧志七寶民家生八足豕小蒸鎮顧家黑豕化爲白郭志

十六年戊子春大旱舟膠人行水底有得古器物者泖塔志有物如猴盤旋李塔匯延壽院塔頂數日方去或曰旱魃也五月大水秋七月壬申大風拔木發屋田禾皆盡民大飢食糠秕繼以草根木葉自經赴水者甚衆郭志

十七年己丑春正月雨木冰如簪大饑夏五月大旱至七月不雨泖湖涸六月十八日夜月中飛雪紛落如絮擘之皆六出秋七月月中有白小星迸出如珠陳志辛巳

海溢自一圖至九圖幾及百里飄没廬舍數千家男女萬餘口六畜無算南匯顧志居民從海濱撈尸忽訛言倭寇至民奔上海城蹈藉死者數十人陳志

十八年庚寅大疫饑

十九年辛卯冬十月雷電雨雹金山志

二十年壬辰秋七月超果寺南民家產一雞冠散垂如綬中有一角丁卯夜有星貫月而出冬十月丙午地震郭志

二十一年癸巳春正月己未府堂墀下有黑氣一道沖西北而上據日鈔

二十二年甲午春三月有鹿高丈餘自狼山渡海循海南行至上海在黃浦中絶流而過縣官以十餘舟載矢石擊殺之

二十三年乙未春正月天鼓鳴地震起西方至東南屋宇動搖竝郭志

二十四年丙申十二月二十三日泖塔潮音閣大士忽見白毫光如匹練長亙千尺是日風從東北來幢旛反飄東北去人以爲異泖塔志

二十五年丁酉春二月天降黑雨著衣如墨點夏五月戊午鍾賈山蛟起崩西南隅一所郭志

二十六年戊戌秀野橋張氏竈下地涌血三月上海二十九保民家婦有娠忽嘔出一兒寸許形體略具驚擲之即失所在陳志

二十七年己亥秋七月甲戌薄暮聞空中鬼聲俄而徧地皆是時以紙炮震之民間謠曰天上鬼車叫城中俱放炮不知因甚來朝廷要納鈔次年太監孫隆率奸徒建稅司於雲間第一橋凡支河悉置鎖柵令械船四出巡擄商賈被害民不堪命郭志是歲新場民嚴四家生一豕人首體白鼻方而長前足皆人手范濂據目鈔

二十八年庚子上海倉側民家產水犢兩首六足前四

後二陳志

二十九年辛丑春夏蘇松嘉湖霪雨傷麥明史

三十二年甲辰有二龍鬬於黃浦孫家灣其旁大木盡拔毀民廬數十郭志

三十五年丁未夏四月龍蟠李塔匯浮圖上雲霧四合但見其尾食頃乃去塔頂回闌有龍爪迹婁志六月有五色大鳥集華亭三陽蕩高六尺許首有長羽飄颺華亭志秋九月有二虎浮海至金山衛傷三人或曰鯊魚所化昔倭亂時亦有二虎暴於海上金山衛劉志

三十六年戊申夏五月鳳凰山蛟起張弼墓前倏忽成

潭王昶青浦志六月白龍見於黃浦龍華港龍首有神立其
上陳志通志云是年大水蘇松常鎮諸府皆被渰沒麥禾皆無民大饑
三十八年庚戌春三月庚子自昏徹旦鄉城鬼嘯壬寅
太清庵外有二馬奔入府廳事郭志夏四月癸未白虹貫
日華亭志
四十年壬子夏四月華亭民徐氏家生一雞一首四翼
四足二尾陳志
四十一年癸丑夏五月庚申夜大雨雷擊西林寺塔焚
三級火三日不絕戊寅夜雨雷電竟夕有鴉數百死塘
橋鎮後陳志冬十二月朱涇鎮東楊家浜有童子年十四

臍下忽見人面形頭口面畢具有目無光雲間雜志

四十五年丁巳冬十二月己未夜半大雷電郭志

四十七年己未春正月朔乙酉五更鬼嘯如數十鬼東

鳥聲自東南至西北

光宗泰昌元年庚申秋八月丁卯日沒後有白虹數丈自

西北横亙東南冬十月二十日寅刻震雷是夜月圓如

望並陳志

熹宗天啓二年壬戌春二月庚寅黃沙四塞日色黯白壬

辰雨沙蔽日郭志

三年癸亥春三月癸卯天鼓鳴郭志六月熒惑入南斗魁

逆行辛巳以後守斗口七月乙卯夜順行復入鬼逾五十日不退舍陳志連日地大震海上地生白毛冬十二月地又大震聲如風雨自西北至東南屋宇搖動南匯顧志

四年甲子春二月甲辰烈風雨抄日白無光三日郭志三月庚辰黑虹見於南方其長亙天陳志五月霪雨壞禾稼饑七月辛未地震若雷郭志

五年乙丑春三月大雨雹傷麥陳志夏四月己亥風霾六月夜聞空中兵刃聲南郊古樹出血郭志七月日下有暈如黑日又有大星見東方紅芒四射陳志

六年丙寅春二月辛巳大風雨雹殺麥七月朔颶風霖

雨大作拔木震屋府譙樓盡傾辛卯大風損廬舍冬十

二月大雪一夕五尺餘竹木折鳥獸多死郭志

莊烈帝崇禎元年戊辰春二月雨雪郭志

二年己巳大水王昶青浦志

三年庚午冬十二月戊辰雷郭志

四年辛未華亭泗涇鎮婦人李氏化爲男生一子上海

沙岡有虎出蘆中自黃浦入乍浦獲之郭志

五年壬申夏四月雨血自五龍港迤西北去是年大荒

米騰貴民飢

六年癸酉春二月雨沙七月丙午大風雨傷禾稼壞廬

舍八月朔南匯一日三潮益南匯顧志

八年乙亥春大水二月民訛言夜有狐妖沿海因傳倭警男女奔竄郭志

九年丙子春三月癸丑雨黃沙夏六月大旱秋七月華亭民家生一雞三足冬十一月癸亥華亭雨血郡人李雯有詩華亭志十二月極寒黃浦泖湖皆冰王昶青浦志

十年丁丑冬十一月丁卯雨紅沙如血華亭志

十一年戊寅夏四月己未華亭包家橋民婦一產三男郭志

十二年己卯春有二大魚至海濱一在金山縣天妃宮前黑色無鱗長數十

丈剖之腸如車輪舌長丈許在青村者白色差小皆無睛

一 夏超果寺鐘自鳴釜底爍皆作花 郭志

十三年庚辰飛蝗蔽天大旱 王圻青浦志 南匯顧志云春夏不雨禾苗枯翻種花豆六月大雨又翻種禾苗秋冬又無雨歲遂大饑

十四年辛巳春二月朔丙午黑霧降甲寅雨黃沙陰霾四塞三月戊寅風沙蔽天夏大旱蝗米粟踴貴餓殍載道五月興聖院塔後岸開出泉味不甚甘知府俞鍳之秋八月海潮日三至是月大風雨冰害稼 郭志

十五年壬午春蝗蝻生遇雨化為鰍蟹秋七月有雉升府治屋而雊冬十月丙午至夜疾雷烈風大雨折木飛

瓦郭志

十六年癸未松江五月至七月不雨河水盡涸而泖水忽增數尺明史五行志冬十月朔癸卯黃霧四塞郭志

十七年甲申春正月華亭縣學火焚兩廡金山衛枯樹自焚池坎流血二月有四白燕巢於府城東門郭志按華亭志作乙酉春三月與此詳略互異三月東南蚩尤旗見青浦王志

國朝順治元年甲申秋大風海溢鹹潮自歇浦而入漂廬舍淹禾稼壞捍海土塘五百十餘丈漂溺四百一丈二尺六寸布林東西一百六丈七尺四寸事見曹家駒海塘議

二年乙酉春民間甑底生花痕如刻畫或爲折枝如菡

苕狀婁志夏五月初五日大吳橋楊冠妻產一子三目額有兩角華亭志

四年丁亥泖西有虎守兵迎其首射之中目而殪王昶青浦志夏四月初三日大風雨冰雹擊傷牛馬麰麥地生白毛婁志秋大水華亭志七月二十一日黃浦一日三潮南匯顧志

冬十二月初八日黃霧四塞華亭志

六年己丑秋七月二十日將晚日中黑氣一道直沖天頂須臾海中亦起一道與日中黑氣相接如橋至暮而沒上海志

七年庚寅夏黑虹夾日首尾垂地華亭志

八年辛卯夏四月至五月大雨河水溢六月有龍於漕涇取水提一舟入田中大雨數尺田苗淹沒是歲米價翔貴每石至四兩青浦志

九年壬辰夏亢旱婁志人行魚道溝底甃井水鹹渾而臭是歲大饑南匯縣志冬十一月十三日大雷震三次

十年癸巳春三月大風雨雹夏五月大雨兼旬河水溢六月又大雨傷稻青浦志是年金山衞萬壽寺有甘露金山志

十一年甲午冬泖澱凍合數日人行冰上青浦志

十二年乙未春二月初五日地震有聲如雷自北而南

青浦志夏六月初八日又震冬十二月上海大東門外民婦懷姙十二月生一物如豬眼在耳邊徧體生毛上海志

十四年丁酉七寶民家生男兩首青浦志秋七月初三日雷震上海東門城堞知縣陸宗贄卜之曰龍騰七邑之東當出元魁因命石工勒龍門二字志之後乙亥科朱錦中會試第一上海志

十五年戊戌春地震有聲婁志夏四月金山衛有白虎突入城負一嫗去守陴官兵格鬭傷死四人民俱闔戶翼日忽不見金山志藏冬十月二十九日金山衛西關外有虎逐犇馬狂奔入城參戎命兵卒圍之斃四卒咆哮而去不知所之所記與此略異秋八月二十三日地又震

十六年己亥春正月龍見多雨三月十六日未刻有星
隕地聲如雷華亭志
十七年庚子秋七月二十六日一日三潮上海志
十八年辛丑春正月彗星見多雨秋七月一日三潮是
歲大旱歉收青浦志
康熙元年壬寅歲大稔嘉禾重穎華亭志
二年癸卯漁人在長泖捕一大魚重三十五斤狀如鱓
頭有五眼青浦志
三年甲辰秋七月颶風浦水大溢飄來屋木徧滿塘外
有男婦附木而浮於海撜者川沙參將惠禎祥躬率將

士篙舟撈救全活甚衆閱世編冬十一月朔彗星出翼軫分野尾向西北初長二丈許漸減至五六尺歷五十餘日至婁而滅金山志

四年乙巳大旱青浦志六月望後有海鳥來止海岸

五年丙午六月十四日暴風驟雨河水頓漲四五尺坍毀民廬無算川沙城中喬副憲石坊大聖寺脊及里中十餘圍大樹是日俱拔有龍鬭於空中並閱世編秋大熟斛米二錢時湖廣江右價尤賤田之所出不足供稅富人菽粟盈倉委之而逃百貨充斥無過問者百姓號爲熟荒薛所蘊有豐逃行尊鄉贅筆

六年丁未冬十二月雷虹見青浦志

七年戊申夏六月十七日戌時地震自西北至東南屋宇撼搖河水盡沸約一刻止地生白毛華亭志冬十月地震有聲青浦志

八年己酉夏六月地震地生白毛長五六寸青浦志

九年庚戌夏四月五月霪雨六月十一日驟雨烈風拔木倒屋三晝夜乃止翼日大水暴漲歲饑華亭志

十年辛亥夏四月至秋七月亢旱上海志

十一年壬子秋七月二十日龍陣燒田禾攝房屋入空中行人或隨風攝去冰雹有重至二三斤者壓死牛馬

閏七月地屢震華亭志是年飛蝗蔽天自北而南所過但
食竹葉蘆穗無食禾者知府曾超自蘇州歸見蝗皆抱
穗死許纘曾定菴隨筆
十三年甲寅夏六月大風水溢傷禾冬十月霪雨青浦志
十五年丙辰夏五月有星隕瓢湖岸墜地有聲居民掘
之見一黑石手按尚熱重十九斤擊碎以刀磨之火光
四射夏六月大水青浦志冬雨雪有雷十二月晦黑虹見
華亭志
十六年丁巳春正月朔大雷電旋雨雪夏四月大旱地
震華亭志五月雨冰六月疫癘大作青浦志秋七月初六夕

月魄未弦形如彎弓頃之黑氣一道破月爲二相懸尺許又破其半爲二相距稍近移時湊合如初一大星隨之光如匹練金山衛劉志

十七年戊午夏四月初五日地震五月雨雪大旱歲祲華亭志 華婁二邑大疫閲世編

十八年己未春正月朔有黑氣自西屬東其長竟天夏亢旱南鄉沙蟲傷菽金山衛城民家産子眼生額上頭有肉角秋七月二十八日地震華亭志 八月十六日黄泥墩獲異魚無鱗人首龜背大如牛金山志 八月初飛蝗蔽天自江北而南迄於蘇松集於蘆葦不食禾稼閲世編

十九年庚申春正月朔日有食之十五夜月赤無光夏五月大水浦潮溢秋八月大疫（華亭志）八月初二日驟雨水漲衝倒上海南城數丈壓死居民七人（閱世編）

二十年辛酉秋九月有虎從西來伏東郊華陽橋灌莽中顧氏子早行被傷又食七保柴場橋査氏男遣兵四出捕之不獲（華亭志）（婁志載被齧後逸去至天馬山遣兵搜捕不獲）

二十一年壬戌歲大稔禾生一莖兩穗間有三四穗者有人取一束紀年月於紙藏超果寺鶯鶯殿瓦楞中乾隆八年釋明智重修此殿乃得之（婁志）

二十二年癸亥春正月至夏五月霪雨傷麥冬十二月

蒸熱如夏夜震雷暴雨華亭志

二十三年甲子馬橋益亥家羊產一羊一猴上海志秋八月初四夜海潮涌一大魚於金山衞之天妃廟前頭如鵓黑色無鱗鬣取其肉約重二千餘斤華亭志

二十六年丁卯秋七月大風河水暴溢傷禾是月初十日大風雨雷電至十一日益甚破牆折木屋瓦飛空千里內外同日俱徧屋壓及舟覆死者比比而是華亭志

二十七年戊辰秋蟲食禾青浦志

二十八年己巳夏有犬渡斜橋下朱涇北十餘里水通黃浦忽沒少頃見大魚如鮎鬚長數尺銜犬出水面而逝華亭志秋七

月暴風禾盡偃九月初三日無雲而雨田禾木棉豆菽皆無收歲饑婁志

二十九年庚午秋七月大風雨水大作田禾花豆損壞閱世編

三十年辛未夏四月二十四日查山大石村雷擊柳樹高數丈劈爲二中有蜈蚣長八九尺而失其首其色紺碧六月有龍過猛將廟地方拔銀杏一株根大如屋有卵二斗許形如鵝子華亭志是月佘山塔後地中有聲如雷忽大雨平地水深三尺有蛟兩所裂地而出青浦志

三十一年壬申春正月朔日食青浦志

三十二年癸酉大旱歲祲秋九月大雨水漲數尺屋宇有飄沒者青浦志　冬黃浦冰上海川沙民家生小豬八口內一豬雙眼額有肉角邑城俞家衖民生子一身兩首對面隨產而斃閱世編

三十三年甲戌冬十二月雷電大雨青浦志

三十四年乙亥夏霪雨傷稼青浦志

三十五年丙子夏五月亢旱金山衛志　六月初一日颶風大作海潮溢人民漂溺鹽場盡沒南匯顧志　是年六月朔海溢上洋溺死男女三百餘口浮至尸棺無數

三十六年丁丑夏疫秋大水青浦志

四十一年壬午夏五月海溢六月熒惑入南斗越一宿復從中逆行而東漸退歸次華亭志

四十二年癸未秋八月青浦龍安橋下二大魚游行其形如船旁有小魚不可計青浦志

四十三年甲申秋七月大旱青浦志

四十四年乙酉夏旱秋大水浦東饑南匯顧志

四十六年丁亥夏大旱浦東河涸禾豆盡槁南匯顧志秋七月夜地震歲祲青浦志

四十七年戊子夏霪雨五月地震自西而東聲如雷青浦志秋大水漂溢禾豆盡沒米騰貴民飢南匯顧志

四十八年己丑春夏疫秋大水青浦志

四十九年庚子春正月朔虹見東方夏霪雨大水青浦志

五十一年壬辰歲大稔華亭志

五十三年甲午夏旱青浦志

五十四年乙未春夏霪雨秋七月颶風大作歲祲青浦志

五十六年丁酉冬十二月赤光一道自北而南墜海中

有聲

五十七年戊戌霪雨多疾風歲祲秋九月初九日一日

三潮並婁志

五十八年己亥春正月朔日食

五十九年庚子夏五月地震並華亭志

六十年辛丑浦東饑民食賑粥者數千人南匯顧志

六十一年壬寅夏旱秋七月夜有大星西北流至斗垣大如斗其光燭天華亭志

雍正元年癸卯夏四月八日大雨雹大者重五十斤自龍華至膳港斃一人傷者無數上海志 秋大旱

二年甲辰夏四月鹹潮入內河禾盡槁知府周鐘元禱於神湖始退夏五月蝗秋七月十八日颶風驟雨自辰至酉勢轉劇鐘元跣足泥濘中虔禱城隍廟風始息是日沿海漂沒民廬人畜無算金山志 八月海溢青浦志

三年乙巳春二月初二日日月合璧五星聯珠秋七月
嘉禾生華亭志冬十一月繁霜如雪著樹作梅花竹葉狀
或稱甘露云上海志
四年丙午秋八月霪雨害稼
五年丁未冬十一月甘露降著樹如霜華連綴纍纍嘗
之如蜜青浦志並
六年戊申春正月甘露降江蘇巡撫魏廷珍疏聞奉
旨據奏松江地方天降甘露該省臣民皆以爲朕之功德
感召所致合詞頌祝等語夫甘露之瑞載在禮經自古以
來咸稱嘉慶今蒙

上天恩賜若不以爲瑞非所以敬承
天貺也但此番未見於宮廷上苑而見於松江想因江南
地方官員有惠政及民或本地人民風俗良善有上感
天心之處是以錫茲瑞應昭示羣黎朕深爲該地方稱慶
若官民等歸美於朕朕不敢居也但願該地方官民紳士
受
天恩賜倍勵虔恭官斯土者益厚其教養之道居是邦者
愈篤其忠孝之忱吏治清明民風醇厚則
上蒼眷祐錫福方來此則朕之深望也勉之勉之鄭鈔
八年庚戌歲大稔冬十一月二十八日戊刻地震婁志

九年辛亥秋七月連日颶風拔木覆屋海溢城內街衢
皆水浦東沿海皆被災蝝生食禾金山志
十一年癸丑夏大旱疫南匯胡志
十二年甲寅夏龍見於閔行鎮北壞民居拔木傷稼上海
志 秋七月大風海溢青浦志
乾隆元年丙辰秋七月嘉禾生一莖雙穗或四五穗歲大
稔華亭志
二年丁巳冬十月初五日暴風起西北有海鳧羣飛蔽
天食穀月餘始散南匯胡志
三年戊午秋九月初三日龍鬬於泖由泖港東南入海

所過處禾稼盡傷金山志

四年己未夏四月大雨雹傷麥冬十月野梟蔽天傷稻青浦志夏四月婁縣安樂二啚民何效章妻陸氏一產三男婁志

八年癸亥冬十一月二十八日夜有星孛於西方月餘始滅金山縣志歲大稔青浦志

九年甲子春二月初九日雨雹如磨歷死禽鳥無數頃刻昏黑如夜籌燈後天忽霽日出不過未申時

十一年丙寅夏六月雨雪並青浦志

十二年丁卯春正月雨木介秋七月大風海溢人民漂

没知縣王侹率士民商賈捐棺斂埋上南兩縣溺死二萬餘人上海志

十三年戊辰禾生兩穗間有六七穗者婁志冬十二月初八日大雷雨龍見至夜嚴寒雨雪三日乃止上海志

十四年己巳夏大疫青浦志

十六年辛未夏六月十六日颶風大作一晝夜始息牆垣舍宇傾倒無數先是海塘内戚家墩有一老嫗號呼難至未幾風作海溢或曰此大士顯靈也冬十一月至十二月廿露降凡五次青浦志

十七年壬申歲大稔斗米不足百錢

十八年癸酉歲大稔秋八月一日三潮竝青浦志

二十年乙亥夏六月霪雨經月天氣如冬秋蝝生五穀木棉皆不實米價騰踊斗米二百錢冬十一月地震婁志

二十一年丙子夏大疫

二十三年戊寅夏大水竝青浦志

二十四年己卯春三月彗星見南方月餘始滅秋七月螟蟊傷稼婁志

二十五年庚辰歲大稔青浦志

二十六年辛巳春正月朔日月合璧五星聯珠青浦志夏六月大水秋螟生冬大寒河冰塞路華亭志

二十七年壬午夏大水秋七月神山西麓起二蛟石裂二洞皆盈丈大風雨平地水高數尺青浦志沿海城垣及官民廨舍傾圮無數米價騰貴南匯初志

二十八年癸未十一月十一日雨雹自四團至八團尤甚禾稼登場不爲害南匯初志

三十二年丁亥春青浦黌宮雙竹生冬十月吳松灘有虎傷人土人逐之逸至崑山界永懷寺後中槍而斃青浦志秋海濱漁人網得一龜腹下子午畢具文皆楷書華亭志

三十三年戊子歲大稔

三十四年己丑夏大水秋七月有星芒長數尺西指至八月而隱竝華亭志

三十七年壬辰歲大稔春二月海市見於金山衛城自卯至酉始隱夏六月十七日午後天微雲不雨忽迅雷一聲震縣署景柏堂前古柏一枝樹仍榮茂華亭志

三十九年甲午秋七月初七日風潮大雨秋九月地震冬十月甘露降

四十年乙未秋八月十七日甘露降著草木晶瑩尋日味若飴餳連降三夕是年禾稻大有竝婁志

四十二年丁酉秋八月南匯一日三潮

四十六年辛丑春正月甘露降夏六月十八日大風雨拔木覆舟壞屋廬青浦志七星橋北拔石坊壓民屋鹹潮溢入內河經半月水復淡是夜沿海官民廨舍多有漂沒者風作前日柘林城外有物大如屋渾沌無頭足貼地而蹶越護海塘去所過下地如溝莫識其為何物華亭志冬十二月大雨雷電青浦志

四十七年壬寅夏六月地震秋七月泗涇鎮南龍鬭大風壞室廬吳楊口石橋失其半拋落不知何處

四十八年癸卯秋七月七寶鎮市河中有蜈蚣數萬隨潮而入居民相戒不敢飲其水

五十年乙巳大旱以上青浦志

五十一年丙午春二月鹹潮從浦口入府城河水如滷兩旬始退夏大疫時米價翔貴每斗至五百六十文青浦志

嘉禾生歲大稔華亭志

五十二年丁未歲大稔禾秀雙歧冬十二月廿三日甘露降三日青浦志

五十五年庚戌春四月初五日雨雹十六保尤甚南匯新志

松江府志卷八十終

【光緒】松江府續志

（清）博潤修　（清）姚光發等纂

清光緒十年（1884）刻本

松江府續志卷三十九

祥異志

前志祥異僅載至乾隆五十五年止以下闕如今自五十六年起據各邑志編載至里巷謠諑之言鄉曲奇異之事無徵不信未敢妄書

乾隆五十六年辛亥歲祲棉花價每斤至一百十文上海志

五十七年壬子冬煖十二月二十七日雷鳴上海志

五十八年癸丑春河水生蟲色赤狀如蜈蚣長三四寸暮始見是年大水棉花斤直錢一百六十米連歲石皆錢五千餘十二月甲戌夜有聲如雷光如電自箕分至輿鬼而滅或謂卽天狗青浦志

五十九年甲寅秋七月七日大風雨海溢八月十八日大雨歷十晝夜歲大祲上海南匯青浦志

六十年乙卯青浦東北鄉大饑青浦志

嘉慶元年丙辰春正月大雪河冰傷麥及果植青浦志

三年戊午春正月五日奇寒廚竈皆冰是歲旱奉賢志並見各邑志

四年己未秋七月大風雨海溢上海南匯青浦志

九年甲子春霪雨夏五月雨連旬不止河水溢歲大祲米價石七千青浦志

十年乙丑豆麥不熟閏六月朔蚩尤旗見紫微垣青浦志秋大雨海溢上海志

十二年丁卯夏六月大熱秋七月大星見於西有芒或

曰彗也三四夜卽滅婁續志青浦志

十三年戊辰春二月三月青浦河水忽鹹如鹵青浦志秋八月上海三涇廟桃花盛開上海志

十四年己巳冬奇寒黃浦澱湖盡冰上海青浦志

十五年庚午夏六月雨雹華亭青浦志秋大熱穀賤青浦志

十六年辛未夏六月二十三日夜西北有星芒溢三四丈秋八月朔白虹見婁續志青浦志

十七年壬申秋七月白虹見婁續志青浦志

十八年癸酉冬十二月天鼓鳴青浦志

十九年甲戌秋八月地生毛華亭志並見各縣志歲大旱支港多

坼裂幹河不能通舟楫自春三月下旬不雨至秋七月中旬始大雨豆稻多傷上海志是歲饑唐埊有句云粟一斗破費青蚨五百九水一擔買向街頭八十三見青浦志

二十年乙亥饑華亭志

二十三年戊寅歲大稔南匯志秋旱木棉歉收上海志

二十四年己卯夏五月青浦城中火延燒七十餘家秋七月戊子黑虹見於西方是歲苦旱青浦志

二十五年庚辰夏亢旱秋大疫須臾不救有一家傷數口者金山志奉賢志

道光元年辛巳夏大疫秋雞翼兩旁生爪並見各縣志歲大熟

南匯志

二年壬午大旱奉賢志夏五月十七日午後大風自西來中有物蜒蟺或曰龍也雷雨大作上海壞民舍數百楹毀學宮雨廡及魁星閣上海志

三年癸未春二月大雨至夏五月方止秋七月大雨九月亦如之是歲大饑米價騰貴並見各縣志

四年甲申春棉花價貴夏六月彗星見於西方秋大熟青浦志

六年丙戌秋水川沙志

七年丁亥冬十二月大雨雪青浦志

十年庚寅海溢（華亭志）

十一年辛卯七月十八日颶風潮溢是歲三月川沙城牌樓橋側民家宰羊腹內小羊一如人形手足頭面皆具（川沙志）野鵞食稻（青浦志）

十二年壬辰歲大稔（青浦志）上海徐家匯民家生一雞一身兩頭兩翼四足（上海志）

十三年癸巳夏秋霪雨木棉禾稼多不實（奉賢志）八月簳山出蛟冬歉收（青浦志）

十四年甲午春饑（青浦志）秋颶風兩日夜（奉賢志）

十五年乙未夏大旱六月六日迅雷雨冰雹十四日大

風一晝夜金山志十八日海潮漲過塘西禾棉藉以灌溉
歲稔川沙志
十六年丙申連歲大稔米石二千文是歲春正月己丑
大雷雨青浦志
十八年戊戌秋颶風海潮大作中秋見霜木棉鮮實歲
饑南匯志冬十二月除日天氣如仲夏夜大雷電雨上海志
十九年己亥春正月朔雷三日大雪冰凍經旬夏五月
上海沈姓家生豬四耳二尾八足上海志秋九月乙卯地
震霪雨禾生耳青浦志
二十年庚子初夏西北郊相驚有鬼火兵居民徹夜鳴

鑼不睡婁續志上海有孕婦生一物人頭魚身色青又有孕婦生一物似人頭無身有口齒秋七月城外雞兩翼長毛俱翦去數莚鄉村皆然連日訛傳有割小兒外腎者一時皆褁大紅肚兜紅布爲嚢上海志

二十一年辛丑春二月二十六日夜地震夏四月初天南有白氣長二丈餘形如幅布日歿即見月餘乃隱婁續志秋七月初一日大風雨繼以冰雹上海志八月十六日三鼓後大星隕西北聲如雷婁續志冬十月大雪三日雪深六尺餘十二月朔地震金山志上海九團墩有鶴來翔居人建亭以棲之踰月飛去上海志

二十二年壬寅春地震夏四月天矢星見於西方青浦志

冬大雪地震華亭志

二十三年癸卯秋八月颶風大作奉賢志

二十四年甲辰冬十月二十日夜微雷有電二十三日戌刻地震上海志

二十五年乙巳夏五月大雨雹六月地震二十九日夜聞鬼聲上海志

二十六年丙午春三月地震華亭志六月十四日丑刻地大震冬十月五日亥刻又震婁縣志紅光隱見半空有聲如雷是歲六月上海張姓家生豬兩頭二尾八足上海志

二十七年丁未春霖雨旬日夏六月庚申地震衆星隕
乙亥大風潮青浦志冬十月地又震金山志
二十八年戊申春三月初一日無雲而雷夏六月二十
日大風雨潮溢道路成渠二十三日晨大雷雨忽吹西
北風有雪夏秋多風雨棉花至九月始開十六日驟寒
見冰歲饑上海志
二十九年己酉春二月霪雨連綿至五月高田皆水大
饑民食糠粃華亭志米價每斤五十餘文見南匯志六七月夜地屢震秋
冬疫青浦志九月朔川沙潮一日三至是年祝椿年捷秋闈第一川沙志
三十年庚戌春二月十五日雨黃沙華亭志仍饑米石六

千文秋稔志青浦 八月望大風雨兩日水驟漲志奉賢

咸豐元年辛亥春正月十七日夜子刻地震三月大雪夏六月霪雨見雪上海北門外民家地出血志上海 華亭盛姓家產豬無尾一足如人手屈而捧腹指甲皆具冬十一月初六日戌刻地大震志華亭 青浦竹有花志青浦 是歲大稔志南匯

二年壬子地生白毛志婁縣 六月二十日郡城街上有黑綫一條自華陽橋至大倉橋而止是年大旱志華亭 冬十一月初六日地大震年月日並值壬子可異也志金山

三年癸丑三月初七夜地大震初八初九又大震志華亭

夏五月彗星見川沙志秋七月天矢星見於西北五夜而滅八月乙酉夜月明如晝空中有聲如磨或曰天鼓或曰城愁未幾有土匪之亂青浦志天雨雹冬十二月天氣如春婁續志華亭志云蠶豆櫻桃皆實菜花秀是歲上海北門外地出血土生毛洪姓婦一產三男面色一青一白一赤後困閣城中俱餓死七月雷震西門城堞二十四日颶風大作兩日乃止上海志南匯縣治大堂前楹無故自傾南匯志

四年甲寅三月二十五日大雷雨雹夏六月初一夜雨雹秋七月十六日午後震雷有二龍見雲際水聲如潮華亭志彗星見西方金山志地大震颶風大作冬十二月地

屢震（婁續志）是歲稻熟生蟚附根立萎歲大歉河中水涸長二寸許冰爲裂（南匯志）

五年乙卯春正月二十五日地震（金山志）二十九日晡時空中有聲如礮數百里皆同（奉賢志）夏麥菜歉收秋大疫九月戊辰天雷地震冬十月戊戌大雷電雨如注辛卯地又震（青浦志）

六年丙辰春正月屢雪大者盈尺（青浦志）二月天雨血三日晨有黑雨冰雹（上海志）二十六日天狗墮自西北至東南有聲（金山志）夏大旱自五月至六月不雨地生毛苗槁（婁續志）秋八月飛蝗蔽天城鄉俱有是月十一日潮日三

至華亭志上海志云九月十日二十五日皆同中秋後熱如夏蝗復來九月霪雨不止田禾生芽川沙志七年丁巳春蝗孽萌生浦南尤甚夏閏五月十四日大風震雷次日遺蝗皆盡華亭志六月十六日上海小南門外民家地湧泉如血秋七月二十二十一日大風雨潮溢八月陰雨連綿禾棉多損上海志八年戊午春有蝗上海沙岡竹岡地生毛七月十一日潮日三至上海志九月有星孛於西北長丈餘上闊下銳每夜移至西南而歿二十餘日乃隱婁縣續志九年己未地生毛華亭志春二月戊辰大霧青浦志三月初

六日彗星見於西方婁續志　夏六月四日夜有雪甚寒八月二十一二十二日大雷雨二十四夜有濃霜寒如冬令九月十七日空中有聲學宮檽星門有聲如雷數夜始息冬十一月徐家匯徐氏園中開紅牡丹一上海志

十年庚申春正月陰雨連旬二月五日復陰雨至三月十三日大雪始開霽時金陵大營潰　閏三月初天雨血三日立夏寒如冬令夏五月十四日夜有大星隕上海志　十九日夜彗星見於西北光長尺許直指東南婁續志　浦東西兩岸神火周夜不息青浦志　夏秋間地生白毛數寸金山志　秋甚雨夜飄飄有聲或曰地愁青浦志　是年近海塘居民掘

地得白米如飯數斗奉賢志

十一年辛酉春二月黃昏時聲若雷震紅光燭天金山志

夏五月二十六日有星孛於斗垣下長數丈婁縣志六月

大風走石秋八月十三日夜有聲自東南來如疾風送

雨至五鼓始絕十九日晚大雨忽聞空中啾唧鳴聲漫

天徧地居民無不鳴鑼吶喊冬十二月大雪深三四尺

華亭志黃浦冰至正月十四日始解上海志比年遭亂田荒

米價石十二千文青浦志是歲華亭愛民橋下有赤練蛇口吞一蛇亦赤色上海諸翟鎮

諸生拾得三足蟾一枚紫色足前二後一川沙顧家路口有白雀二飛集里人網得其一未幾破籠去南匯航

頭鎮浴肆衣箱滴血見各縣志

同治元年壬戌春正月三日木冰奉賢志夏五月大疫秋七月三日夜天忽開朗如晝頃刻即冥婁續志八月大雨雹柴米大貴米每石十三千文柴每百斤七百文閏八月二十三日午後日無光漸赤如血川沙志是歲二月上海東鄉池水生五色蛇時髮逆尙竄浦左居民多投水死或以爲血肉所化冬十一月徐姓家開白牡丹一

二年癸亥春二月城鄉鬼嘯婁續志大疫奉賢志

三年甲子春三月三十日酉刻地震夏五月十日夜半狂風大作傾倒屋廬無算樹木有爲之拔者婁續志八月望後不雨至十二月初始雨上海志

四年乙丑春正月初八日大雪雷電華亭志夏四月至六月陰雨不止秋七月有大星隕光如月冬十二月甲辰大霧乙巳猶雷青浦志是歲五月十二日有黑龍自奉賢青村港西市過朱店大風雨拔樹壞屋秋七月十二日有黑龍自徐連橋而南奉賢志金山朱涇南鄉人家一雞生三足一足在腹下金山志川沙顧氏田中麥秀兩歧川沙志

五年丙寅秋七月十七夜有星自東而西光如月奉賢志八月八日海嘯二三時許始息川沙志九月十五日黎明地震冬十二月七日又震婁縣志

六年丁卯春二月上海莫家塘某姓墓有烏柏一株大十餘圍枯死數年里人伐之穴中得紅芝一枝三岐上有佛像皆趺坐徐家匯徐姓家雞生卵二枚巨如鵝子卵中又有卵殼白帶黃一如常生上海志

七年戊辰春正月鬼火見冬十一月二十三日地震金山志

八年己巳春正月十四日上海文廟殿脊鴟吻有鵲來巢適禮樂告成占者以爲文教昌明之瑞上海志水不爲災青浦志

九年庚午春正月二十七日夜青燐四起人聲大沸竟夕而止華亭志

十年辛未夏六月十六日夜有光自東移西隕於地大於雞子光焰甚長二十六日夜東南有一星赤如火徐徐下垂婁續志

十一年壬申旱青浦志三月朔熱如暑八月地震九月桃花開冬暖南匯志

十二年癸酉又旱皆不爲災惟穀賤傷農云青浦志春正月二十六日黎明東方現赤光天陰竟日川沙志

十三年甲戌夏四月乙未大陣雨兼冰雹雹有重至十餘斤者青浦志五月十八日夜西北有星光長二尺許直指東南二十餘日而滅婁續志六月龍掛南匯邑城天冥

水聲如雷拔關帝廟一樹志南匯冬十一月朔日中有黑子志川沙

光緒元年乙亥秋七月下旬陰雨八月朔大雨如注川港皆溢禾棉歉收志川沙

二年丙子夏四月訛傳翦辮并紙人壓人城鄉皆然民家門上爭貼鎞鎮錠鏡四字秋七月始息六月十五日黎明天色赤如臙脂約二刻許志婁續是月大風海溢漁船多漂沒志華亭二十八日午後太白星見冬十月三十日夜有大星墜空自東北下西南志川沙

三年丁丑夏五月二十三日大風拔木海水溢志華亭六

月四日夜半地震秋桃李花奉賢志先是飛蝗集泗涇一帶越二宿而去七月初遺蝻復萌田禾間有損傷婁縣志十三日又大風金山志八月初九日初昏空中有聲如蚊雷一時許始止如是者四五夜川沙志

四年戊寅春正月四日夜奉賢南橋塘有馬蛀無數隨潮而入遲明不知所往二月三十日青村鎮一帶有大蟣無數鼓翼飛舞據老農云是能害禾惟大風可吹滅是晚果大風奉賢志夏四月五日至二十八日日月出入時間有紫色欽天監奏據占者云主旱亦主兵三日內有雨則解川沙志

祥異志補遺

宋度宗咸淳六年庚午冬十一月大水郭志

元成宗大德五年秋七月朔大風屋瓦樓楯掣入空中繼

而海溢殺人畜壞廬舍顧志

九年丙午旱蝗明年饑顧志

仁宗延祐三年丙辰大水上海志

四年丁巳歲大饑上海志

順帝至正七年丁亥秋八月十二日浦中午潮退未幾復

至上海志

明太祖洪武十一年戊午秋七月海溢人多溺死上海志

十八年乙丑至二十年丁卯水旱無收飢民至煮子女

爲食華亭上海志

成祖永樂六年戊子夏四月大水上海志

宣宗宣德七年壬子水災上海志

英宗正統五年庚申水災上海志

孝宗宏治七年甲寅秋七月大風雨海溢金山志

十四年辛酉十一月大寒泖湖冰經月始解婁縣志

武宗正德七年壬申秋七月二十五日大風海水暴漲冬十一月冬至海上有火如列炬且聞金革聲民疑寇至空巷出走是歲日下有黑景或三或四隱見不常上海志

八年癸酉夏六月二十八日有星大如月光芒燭天食

頃而滅上海志

世宗嘉靖十八年己亥春三月二十六日有白光從西北來曳尾如練久之向西南墜聲若雷震上海志

三十年辛亥大風拔木郭志遺事

三十一年壬子上海兵庫聲吼旗竿現火光是年倭奴登岸焚掠人民逃散上海志

三十六年丁巳大疫上海志

穆宗隆慶二年戊辰春正月朔旦大風揚沙白晝晦冥嗣復大水上海志

三年己巳秋九月八日暑如盛夏雷震九日寒如嚴冬

雷震遂止上海志

神宗萬歷七年己卯大水上海志

十七年己丑上海閔姓家驢生卵一大如毬堅如石郭志

遺事

十九年辛卯夏六月大水秋七月辛巳大雨徹晝夜海溢平地水深數尺者幾百里漂沒廬舍人畜無算上海志

莊烈帝崇禎十三年庚辰冬十一月乙酉冬至大雷雨華亭志是年天雨鍼其細如繡鍼人家釜底或畫龍虎或花草或佛字五茸志逸

十七年甲申春正月朔大風霾夏亢旱水竭上海志

國朝順治三年丙戌春二月十九日鬼號白晝徧城市冬十二月上海姜姓家雞翼生爪長寸許高飛而去上海志

七年庚寅歲饑花米騰貴上海志

九年壬辰夏五月二十六日午刻龍見於華亭葉榭鎮其一飛至張澤風雨晦冥摧屋拔木華亭志

十一年甲午夏六月二十二日大風雨海溢人多漂沒上海南匯志

十三年丙申秋八月訛傳選女入宮一時嫁娶殆盡九月初十日地震冬十二月十六日復震上海志

康熙二年癸卯春正月十三日有龍自北而南全身俱見

後隨一鯉長三四丈去地頗近是歲大疫上海志

三年甲辰夏六月十七日地震翌日地生白毛婁縣志冬十二月自巳未至晦日每日初出及晡日下復有一小日久之化爲百千摩蕩滿天案嘉靖三十四年十二月十九日亦有此異三岡識畧

四年乙巳秋九月柘林金姓婦產一子四手四足目生額間耳生額上三岡識畧

五年丙午冬十月十一日四更有大星見東南衆小星隨之或上或下倏左倏右大星隕小星亦隨之隕三岡識畧

六年丁未春正月二十日昏時東北有火光燄燄如焚

漸滿西北登高望之見赤氣亙天逾時而滅上海志

七年戊申春正月二十七日酉刻天槍星出西南指東北上下皆銳長至五六丈數日而滅或云主大水至夏果有地震水發之變見前志三岡識畧

十四年乙卯夏閏五月郡城東門民家李樹生黃瓜華亭三十保地方黃瓜生茄三岡識畧

十七年戊午秋七月初四日上海下微雪八月初八日東南天有聲如湯沸自戌初至亥正始息三岡識畧

十九年庚申金山衛城水災禾稼多壞金山志冬十一月朔日初沒有星吐白光自西南指東北圍尺餘其長竟

天上下皆銳至十二月初始隱三岡識畧

二十年辛酉秋八月馬嶠寺東張某妻生子眼居額上頂生兩肉骨口列四齒華亭志

二十五年丙寅大風雨屋瓦皆飛逾拱柿樹劈爲二上海志

二十九年庚午冬十二月大雪旬有五日二十八日又雪深二尺凍死人畜無數至明年正月初六七八九日雪愈劇據百歲老人云有生以來所未覩三岡識畧

三十一年壬申春二月二十九日左營韋元鼎廨中雄雞生二卵三岡識畧

三十二年癸酉夏六月初五日午刻日暈內作青色外有赤黃暈二重至申始滅三岡識畧

三十五年丙子秋七月二十三日天未明大風雨空中赤光灼爍聲若霹靂至暮水沒過膝摧折屋宇壓死人畜無數三岡識畧

三十七年戊寅夏四月二十四日雨雹大如棗上海志

三十九年庚辰秋七月暴風三晝夜不息禾棉盡仆上海志

五十二年癸巳夏六月至七月大旱八月大風潮歲歉南匯鄉間生人面豆眉目口鼻皆肖南匯志

六十一年壬寅春二月初四日大風揚沙日暗無光十二十三兩日上海並一日三潮夏六月上海潘姓妻一產四女一赤一黑二白色上海志

雍正六年戊午夏四月大疫鄉人謂之蝦蟆瘟金山志

乾隆六年辛酉秋七月十八日大風雨海溢上海志

十七年壬申故尚書王日藻園中生芝壽星庵有泉平地湧出華亭志

二十六年辛巳秋九月至十月杪霪雨五十餘日禾不得登穀半朽於田華亭志

二十九年甲申夏五月地震華亭志秋大風拔木上海志

三十一年丙戌秋大風潮壞廬舍冬奇寒河水盡冰上海志

三十三年戊子春三月民家門上忽有紅圖紅字郡城內外都徧華亭志

四十九年甲辰夏霪雨秋大疫上海志

附祥異志攷證

元皇慶二年大風海水溢郭志及華亭上海舊志皆作元年此云二年誤

延祐元年大旱袁介有踏災行據上海志當作七年庚申郭志亦作庚申但誤七為元耳袁介踏災行有延祐七年三月初之句可證

明嘉靖三十年辛亥地產白毛郭志作三十年壬子案壬子係三十一年華亭舊志亦作三十一年事郭志蓋

誤脫一字耳前志竟改作辛亥殊誤

崇禎十七年華亭縣學火焚兩廡注郭志案郭志原文作華亭縣火焚兩廡無學字故華亭舊志亦作縣荷火焚此增一學字誤

國朝順治四年自夏四月以下數事考諸各縣志俱係五年戊子事前志誤混入四年

雍正九年秋七月連日颶風此條注金山志案金山舊志原文係十年壬子秋七月事證以婁志南匯志皆合前志以十年七月事繫九年七月下而漏卻九年蝝生歲饑事跡誤

乾隆二十四年彗星見南方注婁志考此載青浦志婁志無此文

松江府續志卷三十九終

（明）顔洪範修　（明）張之象、黄炎纂

【萬曆】上海縣志

明萬曆十六年（1588）刻本

祥異

元

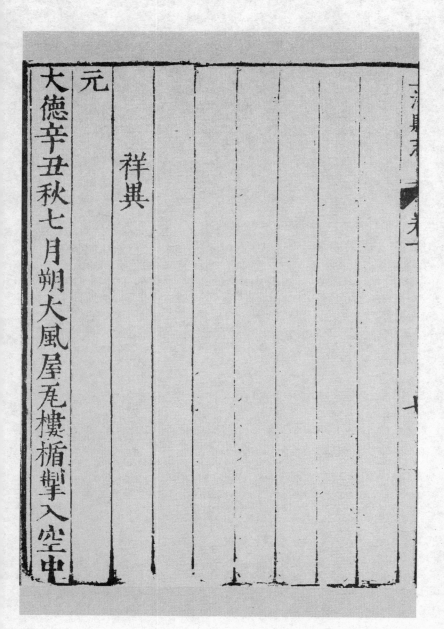

大德辛丑秋七月朔大風屋瓦樓楯掣入空中

繼而海溢殺人民壞廬舍丙午旱蝗明年飢

延祐庚申大旱

袁介踏災行

有一老翁如病起破衲襤褸瘦如鬼曉來扶向官道旁哀告行人乞錢米昨予奉檄離江城邂逅一見憐其貧倒囊贈與五升米試問何故爲窮民老翁答言聽我語我是東鄉李福五我家無本爲經商只種官田三十畝延祐七年三月初賣衣買得犂與鋤朝耕暮耘受辛苦要還私債輸官租誰知六月至七月雨水絕無潮又竭欲求一點半點水却比農夫眼中血滄滄稻黃渰渰如溝渠農夫爭水如爭珠數車相接接不到稻田一旦如沙塗官司八月受災狀我恐徵糧吃官棒相隨鄰里去告災十石官糧望全放當年隔岸分吉凶高田盡荒低田豐縣官不見高田旱將謂亦與低田同文字下鄉如火速逼我將田都首伏只因嗔我不肯首却把我田批作熟太平九月開

早倉主首貪無可償男名阿孫女阿惜逼我嫁賣陪官糧阿孫賣與運糧戶即日不知在何處可憐阿惜猶未笄嫁向湖州山裏去我今年已七十奇飢無口食寒無衣東求西乞度殘喘無因早向黃泉歸旋言旋拭腮邊淚我忍驚聽汗沾背老翁老翁勿復言我是今年檢田吏

元統甲戌夏五月雨雹大者如雞子小者如蓮菂皆有一眼若瑚瑑然

至元丁丑夏六月民訛言拘刷童男女授韃靼爲奴婢即日婚嫁平江蘇達卿時爲縣吏有女年十二贅里人浦仲明之子爲壻明年生

子
至正丁酉民家雞伏七雛一作大雞狀鼓翼上
鳴
壬寅八月民家閹狗生小狗八其爪吻紅如血牡物生兒陽化陰也犬屬金吻紅火也主兵主火
甲辰六月二十有三日江海水溢五行志水自盈主兵
丙午八月有牧羊兒見流光中隕一魚是日縣
市人指流星自南投北即此時也志云天隕魚人民失所之象

國朝

洪武庚戌秋七月十六日大風從海上來塵沙蔽空中有物如烏鳶亂飛又類屋瓦至沙岡漸下集于里人林彥英家風息視之垣屋四周皆楮幣也今其家猶温裕人呼鈔飛林

永樂初連歲大水乙酉夏六月朔雨至於十日高原積水窪下丈餘

詩 [illegible]尚書夏原吉踏車

東吳之地真水鄉兩岸滂漲非尋常稻疇決裂走魚鱉居民没溺乘舟航 聖皇勤政重農事玉札頒來須整治河渠無奈久不修水勢縱橫多阻滯爰遵圖誌窮源流經營相度嚴咨諏太湖天設不

可障松江沙遏難爲謀上洋鼈破范家浦常熟挑開福山土滔滔更有白茆河浩渺委蛇勢相伍洪荒從此日頗銷只緣田水仍齊腰丁寧郡邑重規畫集車分布田週遭車兮飭集人兮少點檢農夫下鄉保婦男壯健記姓名盡使踏車車行潦自朝至暮無停時足行車轉如星馳糧頭里長坐擊鼓相催相迫惟嫌遲乘舟聽向車邊看忍視艱難民疾憊戴星戴月夜忘歸問倚蓬窗發長歎噫嘻我嘆誠何如爲憐車水工程殊斫生足底不暇息壓垢滿面無心除數內疲癃多困極飢腹枵枵體無力紛紛望向膏粱家忍視飢寒那暇卿會當朝覲黃金官細將此意陳 重瞳願令天下游食輩扶犁南畝爲耕農

正統甲子七月十七日大風拔木發屋雨晝夜不息湖海漲湧瀕海居民有全村決沒者

景泰甲戌春正月大雨雪連四十日夏大水大
疫
成化壬辰秋七月十七日大風雨海溢死者萬
餘人鹹潮害稼
辛丑春夏旱秋七月大風雨九月朔雨至於十
月禾不登十一月冬至大雷電雨雪明年飢
甲辰夏秋間訛言夜有物入人家遭之者如寐
魘或能傷人又訛傳有虎皆盜所爲獲盜遂
息

弘治戊午夏六月十一日江海水溢

辛酉冬十月十四日地震

癸亥夏四月大雨雹損麥沙岡牛馬有擊死者

乙丑秋九月十三日有風如火已而地大震後數日有流星如雷東北墜海明年崇明有變邑人恐

正德己巳秋七月六日雨至於十一日晝夜不止先是邑南諸山有虎食人北延橫泖之上水至而去是冬極寒竹栢多槁死橙橘絕種

數年間市無鬻者南京大常卿羅玘奏見圭峰集黄浦潮素洶湧亦結冰厚二三尺經月不解騎負担者行冰上如平地最後有娶婦者親迎而還不知冰将解矣安行如初婦之輿與夫四人前一人足陷焉三人停輿援之復陷一人遂數十人圍聚共援人衆冰薄不勝其重剨然有聲一崩數畝壻婦媒妁親戚僕從樂工輿夫凡男女百餘人無一得免者

庚午夏大疫民死幾半麥生數岐者甚多

賦 天子正德五祀孟月維夏知知子瘍發下體更朔新愈有客唁焉登堂三揖迺掀髯吐論曰夫物有異産事有奇遭談肉者不可與論味昧彩者不可與即文闊哉希乎今茲之所覩也子足良苦抑未之知乎知知子蹷然而起危襟攢几奉客下風曰唯唯願客詔之客曰走故農家五穀是理爰自弱齡勤厥四體今年逾知命而豐穰几幾一畝三石稂莠吐米皆未若今歲之爲瑞也麥苗芃芃穗岐爲二揚芒含穎復爲三四多者五六將將覆地東隣一莖九岐尤異殆淳和之所薰蒸而上帝用以錫類也周書異畝漢歌兩岐陋昔人之詩謝昭后皇之惠慈雖棠家白之翁負玄之老皆緣畝玩視相與咨嗟若走者齒髮猶感涉歷未廣宜乎驚悸而彩顧也知知子仰屋太息索然久之曰否否客何談之盬也夫緣物者貴質敷文者適用且夫鳳麟之希難以療飢芝菌之祥難以充庖雲錦之爛難以

禦寒蠙蚌之光難以續膏是以聖明卿難得之貨壅不稽之言誠以重本而緩末棄無益而即有用也客幸月覩岐麥津津稱瑞民賡甚矣果誰之致獨非客之所覩見者乎試為客語往歲巳巳運厄元元夏耘被壟淫雨注天晝夕闇七颶風相牽海濤怒而山立江潮噴以駭奔蛟龍舞于街衢岡阜淪為湊淵漂尸橫野浮畜蔽川千里一壑萬竈絕烟于是百年之完聚連邑之生全化為魚鱉葬于一鯨鱣者殆過半矣暨乎水退民失故居滄桑一變形勝都非朱門沉其閈閎碧瓦蕩為丘墟鳥竄巢而不下狐訪穴而重疑號泣遽野提負沿途父棄其子妻別其夫相與轉徙乞丐奔逐投依若流星之過曙而敗葉之辭枯也於是疆有力者牢朽材于古岸塞行潦以腐薪依濕林為棟幹綴敗席為闤闠溷爨無別臥食不分十併為五棄仇講鄰相依為命樗腹連旬野無留菜樹不遺根傲倖於萬一苟

在於旦昏爾乃積陰鬱結隆冬盛寒層氷千尺竹栢枯乾豈祝融之故都爲玄冥之停驂何曖曖之陽國顧風烈於塞垣民無夙具習不素安於是受凍而仆者又如干矣　天子方軫念南服融照閭閻發德音大王言貸常賦闢四門封箭書于之檢勤使者于輶軒省大官之供調減司寇之坐論賑倉廩之儲積蠲逋負之浩繁方將奪民命于溝壑續生氣於遊魂蓋三五之罕有而二儀所不能全之曠恩也良有司方憂經費之不足懼考課之殿後鴻澤持而不下限令疾於電走朝四暮三示一藏九使民破十家之產僅足以輸一家費數畝之田未足以賦一畝笳鼓盈村擾及豚狗爾乃制爲嚴刑逮及黃耇巨木囊頭重金縶肘髂無完膚指縱墮手谿壑之填未厭伸暴之門何有于是孑遺之民瘡痍之末甦于敲朴困于征斂者蓋淪胥以盡漸不可久矣戾氣醞釀蒸爲疫癘方且乘陽發騰獷

不可制令枕籍而病卧者比比皆是招醫降
巫若憤者醉是其凍餒蝕於腑腹刑罰慘其
心志發双伏而並攻何方藥之能治厥禍方
萌殆未知其所至也使聾啞之植一本而十
岐共帶而百穗將安救之而客誇以爲瑞哉
且菽粟所以貴於珍喦布縷所以加于玄黃
者爲其有用也今夫用者徒存而用用者巳
亡是謂隆虛而病實忘遠而娛細矣僕竊爲
客贅而不取也客聞而憮然曰噫嘻有是哉
子之迂也信乎執一者未足與權二泥彼者
不可與適此子徒鑒於巳巳之變爲流而不
止乎是殆滯於陰陽之跡而未探于斯理若
也且夫於穆之化圜運不巳剝終必復泰由
于否吉凶互尋禍福相倚夫蟲之蟠蟠也下
屈不發蛇之窿窿也不伏不起數逆斯請
雁乃死是故九載之水或以成堯七年之[illegible]
終以啓禹于豈知夫凶險之後繼之以興
登進之漸承之以君子耶然而氣機索

有飲始兆先于物發迹伊邇鐘鳴而隕霜從
潤而降雨走誠得於俯仰之餘是以釋近憂
而崇遠喜也且夫麥備四氣寔首五穀詩人
頌其於皇下民賴以率育續歲功於發春函
潛氣而多液是休嘉之先露後斯理于必復
示帝心之仁愛啓方來之祉福諒有開而必
繼孰無徵而乃獲走且與子托丘壑以優游
咏皇風之清穆是故有取于麥岐子何責之
備而論之刻耶知知子不能難客乃躡履而
退曳杖而歌歌曰麥秀兮多岐覆壠兮纍纍
彼其之子曾是兮弗思于是知知子逐乎潛
室沈思玄默緯情愫於渾淪抽端緒于開闢
推潤化之始終考休咎於遺冊覽春秋之所
書測消長於三易道有殊而歸同理既契而
心戚戚然則客之言似亦未爲失也將以厥明
戒館客循阡陌辨麥岐之跡數聽鄰黨之損
益問勤勤於三時弔疾苦於緩急于時風輕
景融烟朗霧清謝彫輿卻繁纓被大練筇谷谿

藤道以童子從以經生指三汀以東鶩遵龍
江而緩征瞻桑梓于原隰拜松楸於佳城睇
海氣於極際儼波浪之奔轟感釣游之舊蹤
歎歲月之不停藹里墟之蔓連有孤物而憂
更亦浮雲之多態何難樹而易傾悵久寄於
異土心戀戀乎故京方徘徊以瞻眺審徬徨
而屏營顧見道左麥穟岐岐本同末異旁無
附枝始戟戟以競秀竟戀戀而莫攜將神工
之妙合復化鈞之巧持或双昂以森矗或左
右以分岐或越畝而希挺亦共房而駢垂薄
長飈以洄洑照圖景而陸離等比翼於異類
嗤連理而不爲同物薄而稟厚騰衆豕以增
奇胡哲人之超軼隨所如而見疑昔宣尼之
瑞魯匡人惟而圍之比于之忠殷曰不祥而
戮尸彼二聖且猶然般罹此又何辭抑軒輕
之偶致將彼蒼之有知於是歷覽既儀義叙
末疲攬厥頴異採擷以歸洵皇澤之滲靡拯
黎民于沮飢託子墨以宣秘聊洋洋以陳辭

乙巳六月大風決田圍低鄉復飢流移無算

辛未六月龍見黃浦東南所過焦禾壞屋有頃民者壓死男女七八一人被攝起入空而墜

壬申夏巨寇劉七入八江泊郎山邑民聞風震懾男女長幼皆稱八王無敢斥言寇賊者有司集民戒嚴夜有無賴子挂其者乘醉呼大王至火甲執兵杖者聞之皆散走官吏閉門不敢出呼號之聲徹于街市夜闌而定秋七月二十五日大風海水暴漲是日賊船碎于

郎山奔潰入海官軍數百艘追及於邑東九團大洋團之皆莫[illegible]前獨一舟與戰弗勝殲焉賊亦遁去十一月冬至人望見竟夕海上有火連延如列萬炬西抵北蔡且聞金革聲望者以爲寇至空巷出走是歲日下復有日日或三或四隱見不常

癸酉六月二十八日夜半有星大如月光芒燭地食頃而滅

戊寅秋八月大水有龍戰於海

單敢月炬巷不夜九

卯白露大風雨早晚二禾俱損低鄉冬盡備收獲未竟民大飢居民王僖捐千金賑之民多全活

嘉靖壬午六月東鄉黃氏家僕萬全妻生一子頭頂左右各有肉角目在額上而圓甚雙睛突露如釋道家所畫夜义者其作聲亦不類兒啼遂棄諸河或謂旱魃七月二十五日大風雨壞官民居時崇壽寺銀杏數圍拔而仆地至冬一夕自立

陸深重廿五行

前月令日

風若掣令月令日雨不絕

頹垣敗壁補未完注棟傾盆勢尤烈對床不
辨見女啼懸天但恐星河決遥看窓瀉同織
絲復有大片如飛雪夜來霑灑愁圖書似聞
揮霍鳴金鐵昨聽父老指顧言日數群龍迸
空裂海中沙縣全城翻邑裏譙樓半腰折皇
天高照正森嚴聖主中興自超軼豈伊玄
化復偶然無乃蒼生自詒孽擁衾轉輾苦待
明四野茫茫混魚鼈禾頭生耳須不傳竈底
產蛙幸虛設不然東南財賦區寧免宵旰勞
符節小臣幽憂才一家終歲飢寒詎堪說仰
天端拜意獨深捧日何能計應拙挽
回光霽敢望多今夕明朝事終別

癸未六月朔日正午大雨震雷縣南松江滸院

火燎其楣烟焰蓬勃經日始熄

甲申二月十五夜地震

己亥閏七月初三日海潮颶風從東北起飄沒人民數萬

甲辰乙巳連歲大旱赤地米價騰踴每石壹兩六錢前此未有

壬子地動白毛生（民謠云地上白毛生妻兒老少一同行）又高橋鎮民家雞作人言（雞云燒香望和尚一事兩勾當）明年癸丑日本國倭奴浮海燒香羊山遂登岸刼殺人民逃散蓋其應云

甲寅乙卯大疫民死殆半六門出轊車日以百

計棺肆不能給多以葦席裹尸亦有一家數尸相枕藉無人收斂者

丙辰夏黑眚見民間譁言有物若狐狸夜入人家家擊銅器驅之不寧者兩逾月有被害者噀以水見紙人墮地相傳妖人所爲

辛酉大水歲飢知縣郜光先命居民王洲糴米煮粥以賙之民賴以生[illegible]愁雲連海色霖潦積成川野曠惟存樹村疎巳斷烟三吳堪涕矣四境欲騷然大禹能疏鑿神功憶往年

丙寅秋風雨大作城市閭舍多傾壞牌坊石柱

俱搖動

隆慶元年四月城中民家猪生一子其左蹢爲人手先一月河岸有枯樹竅中出烟如縷其

冬民訛言遣中使部選宫女民間男女無論長幼婚娶無虛日至有配非其偶者邑士張所敬有詩云馬上郎君尚乳臭魚軒新婦猶呱呱蓋實録也

二年冬十月夜雷電桃李花麥秀梅杏實

己巳六月朔海溢風從東南起人畜漂没無數

妃嘉靖己亥

萬曆丁丑六月陰雨連旬寒氣凛冽如冬田成巨浸花禾漬腐[illegible]姚遘苦雨行

君不見祝融行令能爍金六月何爲猶擁衾積雨經旬不暫歇蛙鳴釁下竈欲沉童子晨炊苦薪濕茾烟濛濛迷空林小窗孤悶倦憑几念及吾廬愁緒起破屋數間既傴側每逢積雨漏不止長鬚好睡懶負薪況畏淋漓泥没趾井臼艱難憐病妻床褥濕濡喧稚子我欲排雲叩閶闔胡爲因人一至此野翁謂予且勿嗔致災召沴良有因近聞大吏催科急十室有九羅其屯三木囊頭色憔悴重金繫肘行邅迍朝爲人兮倏爲鬼威尊命賤如輕塵血濺公庭高數丈堦前碧草成紅茵三吳殺氣愁雲結天門不開日光滅簷花晝夜鳴淒淒和却寃魂聲哽咽我聞此語轉欷歔眼前無暇悲吾廬望窮天外猶未霽茫茫四野失藍禽來年升收難入磨木棉初發那

得鉅歲事不登已可
卜催租復爾將如何
壬午七月十三日海溢潮過捍海塘丈餘飄没
人畜無數濱海里人王潭裒浮屍數百瘞之
嗣大風雨徹晝夜壞禾稻木棉是歲飢十月
十三日颶風從西北來江濤陡作舟皆簸蕩
邑丞曹詩適詣府舟覆死陳所蘊大水歌街頭小兒舞一足石
燕飛飛江水綠白日匿景天無光大風蓬蓬
出空谷咫尺不辨風馬牛周天俄見陰雲簇
飛廉前導玄冥從銀河倒瀉來碧空簷頭直
掛一疋練飛泉噴薄匡廬峯奔騰馳驟乾坤
沸千騎萬騎迸雲中茅屋家家吹折角上
下濕身無着嫠婦下泣山鬼愁魚遊釜下雞

棲幕澤迤難赴將軍期田獵應爽虞人約市
上蛟龍啣日舞翠荇牽風挂簷宇野田是處
乘短桴人民在在摇輕櫓床頭襆被緑苔新
晨炊蓐食須懸釜長鯨吹浪張雙目鼓鬣揚
鬐厭人物高岸時見簪珥遺樹杪還看挂髑
髏此邦之民亦何辜纍纍都葬江魚腹前年
大水漂我禾斗粟直錢三百多去年大風傷
我稻白骨蕭條伍青草今年風雨一朝并四
野哀哀惟哭聲哭聲哀哀真可憫君門萬里
誰爲軫廟堂不念閭閻空司農祗告太倉窘
須臾且下催科令箠楚之下胡寧忍誰爲疏
請寬民租誰爲發粟拯剥膚生民之命乃國
本潢池萑蒲良足虞吁嗟乎安得雨
暘時若歲其有黔黎鼓腹歌康衢

丙戌二月晦日天雨黃沙是日拮野蔬食者皆
腹痛

青天無雲驚轟雷白[illegible]沙亂走石千人[illegible]
聚若豺虎素封立破何[illegible]場富家累積成金
穴那知強反爲弱[illegible]奸民掉尾遊釜中見金
不見法三尺一朝屠[illegible]骨但所攫金仍入他
人宅天灾流行亦非[illegible]澆風肆毒中肝膈誰
生厲階至此慄拊膺[illegible]數惜遥憶開倉
汲大夫還向青州歌[illegible]來
救荒信無奇烹鮮不撓真長策

戊子夏月　朝廷用兩臺言捐吳中關稅及濟
邊贖鍰以賑貧民[illegible]難日甚情洶
湧時中原瀕告急江左復[illegible]飢市販趨商貨
村烟斷野炊聊因歉作餅啖藉米爲糜畏死
甘辭嬌全身忍藹見僵冤交道路亦于弄瀆
[illegible]時太湖有警將校分麾[illegible]江臺莫浪爲補苴
心最苦困詘勢難支根本中丞廑綢繆使者
悲封章[illegible]黼扆請[illegible]形疲東顧勞宸

眷隆恩荷
帝私闕津捐攉課贖鍰轂邊陲
可緩須臾死堪紓上下眉堯仁天並淵舜德
日同熙煦吐三吳色雲含列郡姿荏苒銷伏
匿桑梓返流移全活應無算昇平諒有期小
臣元魯鈍典郡抱憂危忽覩絲綸下深
懷雨露滋陳詩歌
萬壽稽首望彤墀

【嘉慶】上海縣志

（清）王大同修　（清）李林松纂

嘉慶十九年（1814）刻本

祥異

元至元二十九年大水

大德五年七月朔大風屋瓦樓楯掣入空中繼而海溢

傷人民壞廬舍九年旱蝗十年饑

皇慶元年八月大風海溢

延祐三年大水四年大饑七年大旱袁介踏災行

有一老翁如病起

破衲毿毿瘦如鬼曉來扶向官道旁哀告行人乞錢米

時予奉檄離江城邂逅一見憐其貧倒囊贈與五升米

試問何故爲窮民老翁答言聽我語我是東鄉李福五

我家無本爲經商只種官田三十畝延祐七年三月初

賣衣買得犁與鋤朝耕暮耘受辛苦要還私債輸官租

誰知六月至七月雨水絕無潮又竭欲求一點半點水

却比農夫眼中血滔滔黄浦如溝渠農夫争水如争珠
數車相接接不到稻田一旦如沙塗官司八月受灾狀
我恐徵糧喫官棒相隨鄰里去告灾十石官糧望全放
當年隔岸分吉凶高田盡荒低田豐縣官不見高田旱
將謂亦與低田同文字下鄉如火速逼我將田都收伏
只因嗔我不肯首却把我田批作熟太平九月開早倉
主首貧乏無可償男名阿孫女阿惜逼我嫁賣賠官糧
阿孫賣與運糧戶即日不知在何處可憐阿惜猶未笄
嫁向湖州山裡去我今年已七十奇饑無口食寒無衣
東求西乞度殘喘無因早向黄泉歸旋言旋拭腮邊淚
我忽驚慚汗沾背老翁老翁
勿復言我是今年檢田吏

至順元年閏七月大水冒村郭壞民田殍殣相望

元統二年五月雨雹大小皆有一眼若瑪瑙然

後至元三年饑六月訛言詔選童男女一時嫁娶殆徧

平江蘇達卿時爲縣丞有女年十二
贅里人浦仲明子爲婿明年生一子
至正四年七月李君佐過浦見一青雞立於日上不見
其足李下拜竚觀至沒而去 楊瑀山居新語 七年八月十二日
浦中午潮退未幾復至八年五月大水十七年城中民
李勝一家雞伏七雛一作大雞狀鼓翼長鳴二十二年
八月三十四保民金壽家閹狗生小狗八其一爪吻紅
如血二十四年六月二十三日海溢二十六年八月有
流光隕化爲魚 在浦東俞家橋長盈尺飯店婦鹽漬藏之
明洪武三年七月十六日大風塵沙蔽空有物如烏鳶又

類屋瓦至沙岡漸下集於里人林彥英家風息視之垣屋四周皆楮幣也人呼鈔飛林按楊瑀山居新語曰後至元丁丑靑村鹽場有蘆一枝飛空中後有鈔隨之集於里人林淸家與此小異八年九月大水饑明史作十二月十一年七月海溢人多溺死十八年至二十年三年無收饑民至煮食兒女

永樂元年饑二年六月大水饑三年春大雨六月霪雨十日高原積水丈餘治水尚書夏原吉踏車嘆　東吳之地眞水鄉兩岸滲漲非尋常稻疇決裂走魚鱉居民沒溺乘舟航爰遵圖誌窮源流經營相度嚴咨諏太湖天設不可障松江沙遏難爲謀上洋盤破范家浦常熟挑開福山土滔滔更有白茆河浩渺委蛇勢相伍洪荒從此日頗銷只緣田水仍齊腰丁

寧郡邑重規畫集車分布田週遭車兮既集人兮少檢點農夫下鄉保婦男壯健記姓名盡使踏車車宿潦自朝至暮無停時足行車轉如星馳糧頭里長坐擊鼓相催相追推嫌遲乘舟曉向車邊看忍視艱難民疾患戴星戴月夜忘歸悶倚蓬窗發長嘆噫嘻我歎誠何如爲憐車水工程殊胼生足底無暇息塵垢滿面無心除數內疲癃多困極饑腹枵枵體無力紛紛望向膏梁家忍視饑寒邪暇卹會當朝覲黃金宮細將此意陳重瞳顧令天下游食輩扶犂南畝爲耕農

六年四月大水

洪熙元年夏積雨傷稼

宣德七年水災

正統四年七月大風拔木殺稼五年水災九年七月十七日大風雨海溢拔木發屋瀕海居民有全村決沒者

巡撫周 十二月大雪七晝夜積一丈二尺民不能出入
忱奏

景泰五年正月大雨雪四旬不止平地積數尺夏大水大疫 舊志云與永樂三年同 崑山龔詡甲戌民風詩疫癘饑荒相繼作鄉民千萬死無辜浮屍暴骨處處有束薪斗粟家家無只緣後政異前政致得今吳非昔吳寄語長民當自責莫將天數厚相誣自注云時旼周公法也

天順五年海溢死者無算八年海溢民饑

成化二年饑八年七月十七日大風雨海溢死者萬餘人鹹潮害稼 按明史十七年作十年 春正二月地震七月大風雨九月朔雨至於十月禾不登十一月冬至大雷電

雨雪十八年饑二十年夏秋間訛言夜有物入人家遭之者如寐魘或能傷人又訛傳有虎皆盜所爲獲盜遂息

宏治四年水六年冬大寒八年五月大疫民饑十一年六月十一日海溢十四年十月十四日地震明史作十一月十六年四月大雨雹損麥擊死牛馬夏秋旱十八年九月十三日有風如火從東南來地大震後數日有流星如雷東北隆海十九年崇明有變邑人恐

正德四年七月六日雨至於十一日晝夜不止瀕海人

民廬舍多漂沒先是邑南諸山有虎食人北延橫泖之上水至而去是冬極寒竹柏多槁死橙橘絕種數年間市無鬻者南京太常寺卿羅玘奏黃浦冰厚二三尺經月不解騎負擔者行冰上如平地有娶婦者迎親而還安行如初砉然一聲崩數畝百餘人無一免者是歲饑五年麥多歧穗陸深有瑞麥賦五月雨如四年六月大風決田圍低鄉復饑疫死幾半十一月水六年六月大水龍見黃浦東南所過焦禾壞屋壓死項氏男女七人一人被攝起入空而墮七年大旱七月二十五日大風海水暴漲十一月

冬至海上有火如列炬西抵北蔡且聞金革聲望者以爲寇至空巷出走是歲日下復有黑日或三或四隱見不常八年六月二十八日有星大如月光芒燭天食頃而滅是歲饑十二年夏大雨殺麥禾十三年夏大雨彌月漂室廬人畜無算八月大水有九龍戰於海十四年八月大風雨早晚二禾俱損低鄉冬盡猶收獲未竟民大饑

嘉靖元年六月東鄉黃氏僕蔄全妻生一子頭左右有肉角目在額上而圓雙睛突露如釋道家所畫夜叉聲

亦不類兒啼遂棄諸河或謂旱魃七月朔大風自北來拔木飛瓦二十五日大風雨海溢壞官民居崇壽寺銀杏大數圍拔而仆地至冬一夕自立陸深重廿五行前月今日風若掣今月今日雨不絕頽垣敗壁補未完注棟傾盆勢尤烈對牀不辨兒女啼懸天但恐星河決遥看密濇同織絲復有大片如飛雪夜來雷霆愁圖書似聞揮霍鳴金鐵昨聽父老指頤言日數羣龍逆空裂海中沙縣金城翻邑裏譙樓半腰折摧衾轉輾苦待明四野茫茫混魚鱉仰天端拜意獨深捧日何能計應拙挽回光霽敢望多今夕明朝事終別二年六月朔大雨雷火燔松江道院八月大水三年正月地震二月十五夜復震七月飛蝗蔽天颶風大作驅蝗入海遺種化爲蟹食稻九年夏旱十八年春二

十九保鵲巢於田羣鵲繞之大可圍二胜閏七月三日海嘯風從東北起漂沒人民數萬十九年旱二十三年二十四年連歲大旱赤地米價貴每石一兩六錢三十年地震白毛生民謠云地上白毛生妻兒老小一同行高橋鎮民家雞作人言云燒香望和尚一事兩勾當三十一年兵庫聲吼旗端現火光是年倭奴燒香羊山遂登岸焚掠人民逃散三十三年三十四年連歲大疫民死殆半六門出櫸車日以百數棺肆不能給多以葦席裹尸至有一家相枕藉無收斂者三十五年夏黑眚見謠言有物若狐狸夜入人家擊銅器驅之兩逾月始息三十六年大疫四十年

秋大水饑馮遷苦雨詩愁雲連海色霖潦積成川野曠惟存樹村疏已斷煙三吳堪涕矣四境欲騷然大禹能疏鑿神功憶萬年四十五年秋大風雨壞城市廬舍牌坊石柱俱搖動

隆慶元年三月枯樹中煙出如縷四月民家生一豕左蹢爲人手冬訛言詔選宮女民間男女無論長幼婚娶無虛日配多非偶張所敬有詩云馬上郎君尚乳臭魚軒新婦猶呱呱蓋紀實也六月大風海溢民大饑二年元旦大風揚沙白晝晦冥嗣復大水十月雷電桃李華麥秀梅杏實三年六月朔海溢大風從東南來漂沒人畜無數九月八日暑如盛夏雷

震九日寒如嚴冬雷震達旦

萬歷三年九月大水四年饑五年六月寒如冬連雨傷稼

姚遇苦雨詩

祝融行令能爍金六月何爲猶擁衾積雨經旬不暫歇蛙鳴爨下竈欲沉童子晨炊苦薪濕荒煙漠漠迷空林小窻孤悶倦憑几念及我廬愁緒起破屋數間既傾側每逢積雨漏不止長鬚好睡懶負薪況畏淋漓泥沒趾井臼艱難憐病妻牀褥溼濡喧稚子我欲排雲叩閶闔胡爲困人一至此野翁謂予且勿嗔致災召沴良有因近聞大吏催科急十室有九罹其屯三木囊頭色憔悴重金繫肘行邅逮朝爲人兮倏爲鬼威尊命賤如輕塵血濺公庭高數丈階前碧草成紅菌三吳殺氣愁雲結天門不開日光滅簷花晝夜鳴淒淒和却冤魂聲哽咽我聞此語轉欷噓眼前無暇悲我廬望窮天外猶未霽茫茫四野失菑畬來牟雖收難入廩木棉初發難得鉏歲事不登已可卜催租復爾將如何

七年大水十年七月十三

曰大雨海溢壞禾棉漂沒人畜無數歲大饑十月十三日颶風從西北來江濤陡作舟皆簸溺邑丞曹詩適詣府舟覆死

陳所蘊大水歌

街頭小兒舞一足石燕飛飛江水綠白日匿景天無光大風蓬蓬出空谷咫尺不辨風馬牛周天俄見陰雲簇飛廉前導元冥從銀河倒瀉來碧空簷頭直挂一匹練飛泉濆薄匡廬峯奔騰馳驟乾坤沸千騎萬騎迸雲中茅屋家家吹折角上漏下溼身無着㸑婦下泣山鬼愁魚遊爨下雞棲塒澤迍難赴將軍期田獵應爽虞人約市上蛟龍白日舞翠荇牽風挂簷宇野田是處乘短桴人民在在搖輕櫓牀頭襆被綠苔新晨炊蓐食須懸釜長鯨吹浪張雙目鼓鬣揚鬐厭人肉高邱時見簪珥遺樹杪還看挂髑髏此邦之民亦何辜纍纍都葬江魚腹前年大水漂我禾斗粟值錢二百多去年大風傷我稻白骨蕭條伍青草今年風雨一朝并四野哀哀惟哭聲哭聲哀哀真可憫君門萬里誰爲軫廟堂不念閭閻空司農祗告太倉

窮須臾且下催科令箠楚之下胡寧忍誰爲疏請寬民租誰爲發粟拯剢膚生民之命乃國本潢池萑蒲良足虞吁嗟乎安得雨暘時若歲大有黔黎鼓腹歌康衢

十四年二月晦雨黃沙是日採野蔬食者皆病

冬雨木冰

十五年正月雨木冰嗣霾雨不止夏秋大旱萍藻盡枯異蟲颶風麥稻花豆俱傷僅可得糜數升冬米斗千錢食物價越三倍

十六年春大旱大疫民死無算五月大水七月大風拔木仆屋田禾俱盡民大饑時斗米銀二錢斗麥銀一錢人啗糟糠屑豆餅作粥繼以草根木葉饑民相枕藉桀黠者煽衆環富室告貸尋闌入室中盡擄其所有報復殺傷甚衆監司憂禍且不測急上其事詔用重典殲其渠魁乃定人心風俗此爲一大變云

黃體仁紀事歌

昔年倭奴入中國中國中國猶能禦蠻貊今年中國自相殘四方蹙蹙將

奚適平居往來共里井須臾醻爵變矛戟青天無雲驚轟雷白日飛沙亂走石千人哨聚若豺虎素封立破何虺蜴富家累積成金穴那知强反爲弱厄奸民掉尾遊釜中見金不見法三尺一朝屠戮骨俱灰攫金仍入他人宅天災流行亦時有澆風肆毒中肝膈誰生厲階至此梗拊膺涕泣空歎惜遥憶開倉汲大夫還向青州歌遺澤古來救荒信無奇烹鮮不擾眞長策

十七年正月雨木冰大饑五月至七月不雨海溢六月雩

十九年六月大水七月海溢自一團至九團幾及百里没廬舍人畜無算大雨徹晝夜平地水二尺餘城門晝閉訛言倭寇至民爭入縣淩藉死者數十人居民求屍海濱潮至羣走遂傳爲寇警　十月雷電時作晦夕大震

二十三年三月有麃高丈餘自狼山渡海入境在黃浦中絶流而過縣官以計

艅舟載矢石擊殺之重五百餘斤 二十六年三月二十九保民婦有娠忽嘔出一兒長四五寸形體都具驚擲之即失所在二十七年七月城鄉徧地鬼嘯時以紙爆震之民間謠曰天上鬼車叫城中放紙爆不知因甚來朝廷要納鈔次年果有抽稅之舉新場民嚴四家生一豕人身白體鼻方而長前足皆人手二十八年倉側民家生水犢兩首六足前四後二三十九年春霪雨傷麥溝渠皆溢三十二年二龍鬬於黃浦孫家灣大木盡拔毀廬舍三十五年九月海塘有二虎傷人逐至浙界或曰鯊魚所化三十六年六月白龍見於黃浦龍華港目光如電一神人立

其首是歲大水麥禾被淹民大饑三十七年饑三十八年閏三月二十四夜驟雨城鄉鬼嘯徹旦

天啟二年三月天鼓鳴地大震生白毛十二月又震聲如風雨自西北來屋宇搖動久之四年二月烈風雨沙日白無光凡三日五月霪雨徹晝夜壞禾苗歲饑七月地震若雷聲民居有傾者

崇禎二年饑四年沙岡有虎自黃浦西入泖界至乍浦獲之五年旱夏有虎冬大荒米穀騰貴民饑九月十二月極寒黃浦冰十三年大饑是年春夏不雨先栽禾苗翻種花豆至六月二十四日大雨溝澮皆盈復種禾苗至

冬無雨歲遂大饑十四年夏大旱蝗米粟湧貴餓殍載道八月潮日三至是年春大饑斗米至三四錢民食草根木皮俱盡拋妻子死者相枕有薛得倡首燒刼白晝搶奪知縣章光岳捕至立杖死賣婆某氏盜人子女殺之隣人聞所烹肉甚香啟釜視之手足宛然鳴官立斃十五年春蝗蝻生遇雨化為鰍蟹十月冬至夜半疾雷迅風澍雨折木飛瓦米貴斗價三錢九分時錢法濫惡每千價三錢六分十六年五月至七月不雨冬至五更大雷電雨木棉每斤三百文准銀一錢十七年三月東南蚩尤旗見夏亢旱水竭知縣彭長宜報荒疏中有米價貴水價倍貴饑欲死渴更欲死數語蓋紀實也六月十日二十三保祝聖堯家奴弒主延至各鄉大戶無不焚刼十五日二十

一保顧六倡首率各家奴輩入城先至紳家索鬻身文契主被毆辱急書退券沿鄉焚刼大家一空邑紳張鑒林飛書達兵道程珣遣遊擊領兵擒勦始息舊志云明季縉紳多收奴僕世隸之邑幾無王民然主勢一衰跋扈而去甚有反占主田產抗主貲財轉獻新貴有勢因而投牒興訟者有司亦唯力是視而已物極必反以是顧六一呼從者蝟起後奉功令鄉紳自好積弊已淸然而子孫世隸未之改也昔之君子有贖民鬻身者可不體此意而與之更始乎　又崇禎時長人鄉周孔璋菽菊一日忽榮一花上下四周共三十六萼環之見王光承集未詳何年

國朝順治三年二月十九日白日城鄉遍地鬼嘯十二月南門外姜姓雞翼下生爪長寸許高飛而去四年八月

黃浦羣魚大上皆長尺許網之日得六萬頭凡四五日止五年四月三日大風雨雹地生白毛雹中有黑圈如人眼擊傷牛馬趡麥七月二十一日潮日三至六年七月二十日日中黑氣一道貫天須臾海中亦有黑氣上升相接如橋至暮没七年花米價貴米每石五兩花每斤一錢八年大水九年夏亢旱赤地鑿井得水鹹而穢歲大饑十一月十四日震雷三次十年閏六月民飲牛黃浦忽見浦中兩鬣高三四丈乘潮而至嚙牛足入水衆力救牛得免股間嚙痕大三寸或曰此巨鮎也十一年六月二十二日大

風雨海溢漂沒人畜廬舍七月五日地震十二月三日
大寒黄浦冰十二年四月大東門外民婦懷娠十二月
生一物如猪眼在耳邊徧身生毛十三年九月十日地
震十月十六日復震十四年七月三日雷震東門城堞
知縣陸宗贄卜曰龍騰也邑之東當出元魁命勒龍門
二字志之後己亥科朱錦中會試第一十五年八月十
日大風雨二十三日地震十六年大水十八年夏大旱
七月二十六日潮日三至
康熙二年大疫三年八月一日大風雨海溢漂沒人畜

廬舍川沙營參將惠禎祥冒風竦駕舟到處撈救全活甚衆　四年夏大雨米賤每石四錢
七月大旱颶風大作五年六月十四日大風雨七年六
月十七日地震有聲浦水騰躍九年四月大水五月積
雨六月十一日大風雨海溢拔木仆屋三晝夜始息歲
饑十年四月至七月亢旱港底生塵歲饑十一年七月
二十日有赤龍自嘉定飛至蔡家路口出海壞田禾房
屋行人隨風掀去冰雹有重二三斤者壓死牛馬閏七
月地屢震按府志祥異自順治元年以後不載茲據耆儒劉逡之日記而錄之并採閱世編五茸志逸
十五年十二月一日厲風奇寒十六年夏大疫徧於

鄉知縣任辰旦禳之十七年四月五日地震六月七月亢旱水竭十八年夏旱八月十日螟蝗食蘆勢如火燃禾稻無患二日而去十九年二月米貴八月三日驟雨連宵浦潮驟漲衝倒南城數丈壓死居民七人城內水深五尺船行田中二十二年十一月十一日大寒黃浦冰人多凍死至二十三日冰始開十二月朔復寒如前越八日熱如四五月雷電大作暴雨如注二十三年馬橋民盍亥家羊產一羊一猴二十六年秋颶風大作不不登民饑二十七年饑二十九年十二月四五日雪甚

牛馬蜷縮如蝟旬有五日寒威不解往來路絕二十日魯家滙有舟出浦爲冰凌所壞溺死三十七八二十八日大雪深二尺民不能出入三十年元旦雪未消七八九等日雪愈劇二十日暴風復雪三十二年夏大旱傷禾九月二日大風雨雹拔木仆屋冬寒黃浦冰三十五年六月朔颶風大雨海溢漂沒廬舍人畜無算七月二十三日復大風雨海溢如前三十九年七月二十七日暴風三晝夜不息禾棉盡仆九月熱甚諸種俱壞四十三年四月霪雨連旬寒如冬四十四年夏旱秋大水民

饑四十六年夏亢旱水竭禾豆盡槁七月地震四十七年正月大雨至五月杪始止漂溺人民無算秋復大水禾棉盡沒米鹽貴價米每石二兩八錢鹽每斤一錢五十四年水饑六十年旱饑

雍正元年四月八日大雨雹大者重四五十斤自龍華至陋港斃一人傷者無數冬大寒二年夏旱七月十八日大風雨海溢漂溺田廬人畜九月署右營遊擊守備盛天福浦江巡緝見漁人何生網得玉璽一顆即賫送江南提督高其位於十月二十六日進呈奉

旨賞給盛天福銀一百兩緞二匹何生銀二百兩是歲其位

奏飛鵶食蟲秋禾豐茂請付史官奉

旨不必三年十一月繁霜如雪著樹作梅花竹葉狀或云甘露四年饑八年十月二十六夜地震十年七月十五日颶風大作十六日大雨海溢城內水溢於途沿海水至樹杪至十七日始退冬大饑十一年大疫大水民饑十二年龍見於閔行鎮北拔木仆屋傷禾棉十三年沿海蟛蜞囓花稻麥豆幾盡禳之乃絕

乾隆三年八月十六日大風雨海溢六年七月十八等

日大風雨海溢八年米價貴十二年正月雨木冰七月十四日風潮人民漂没十三年雨雹傷豆麥自春徂秋米價貴每石三兩五錢十二月八日大雷雨龍見至夜嚴寒雨雪三日乃止十四年大疫二十年大水大饑二十一年春猶饑大疫二十六年冬大寒浦江凍冽舟不能行二十七年夏亢旱七月大水舟從橋上行十月十一日大熱雷雨雹二十九年秋大風拔木三十一年秋風潮壞廬舍冬大寒河冰塞路三十九年秋風潮四十六年夏大旱六月十八日大風雨海溢拔木仆屋漂没人畜無

算歲祲四十九年夏霪雨秋大疫五十年夏大旱花米價貴米每石四千文花每斤八十文五十一年春雨多米價貴斗米至五百文九月十日雷電大雨雹五十五年四月五日大雨雹損麥五十六年歲祲花價每斤至一百十文五十七年冬煖十二月二十七日雷鳴五十九年七月七日大風雨海溢八月十八日大雨十晝夜歲大祲

嘉慶三年旱四年七月三日大風雨海溢十年秋大雨海溢十四年冬大寒黃浦冰

【光緒】重修華亭縣志

（清）楊開第修
（清）姚光發等纂

清光緒五年（1879）刻本

祥異

漢海鹽縣淪沒爲柘湖周五千四百一十九頃

晉末亭林地裂數尺中有波濤聲探之火起

宋紹興四年冬十月丁未夜大風雹雨雹大如荔枝實覆舟壞屋見夷堅志竝前志　五年冬十月丁未大雨雹覆

舟壞屋　九年大饑斗米千錢道殣相望（並郭府志）　二十年冬十月丁未風雷雨雹激射如箭彈覆舟壞屋（宋府志）　二十九年大饑民食糠粃（前志）

隆興二年縣大饑（宋府志）

咸淳六年冬十一月縣大水（前志）

元至元二十九年夏六月水災（郭府志）

大德五年秋七月朔大風屋瓦樓楯擊入空中（前志）繼而海溢殺人民壞廬舍　九年旱蝗明年饑（並顧府志）

皇慶元年秋八月大風海溢

延祐元年大旱（並郭府志）

至順（孫志作天歷）元年閏七月大水冒村郭殍殣相藉（前志）

僧順昌上府官祈晴書畧曰昔公孫宏對策漢武之朝有曰心和則氣和氣和則形和形和則聲和聲和則天地之和應矣故陰陽和甘露降五穀登六畜蕃嘉禾興朱草生山不童澤不涸此和之至也觀今日上下之心和邪不和邪傷天地之和氣者誰與使盲風怪雨發作者誰與凶年饑歲老弱將轉乎溝壑矣當此之時爲民父母不以由己飢之由己溺之之心處之而泛泛然迎請超果寺觀音大士至普照有同兒戲具文之祈禱安能召和氣而回天氣哉爲今之計莫若講行救荒之政平糴價以寬民力行賑濟以教飢貧放商稅以通客旅清獄訟以雪冤枉察吏奸以禁賄賂抑小人以扶君子通下情以求民瘼凡可以弭災異召和氣者盡心力而爲之憂國願豐出於一念之誠則大士不須祈禱而慧日自呈祥矣人事盡而天理見惟閣下留意見顧府志

元統二年夏五月雨雹大者如雞子小者如蓮菂雹有一眼若琱琢然前志

後至元三年歲饑夏六月民訛言拘刷童男女授韃

靼爲奴婢人家男女年十二三以上者即日婚嫁雖守土官吏與夫韃靼色目之人亦然竟莫知所起經十餘日乃息輟耕錄云自後匹配不齊者各生怨悔或夫棄其妻或妻憎其夫或訟於官或死於天此亦天下之大變從古未聞也

至正六年閏十月癸卯夜普照寺西業帽者失火延燎五千餘家重門邃館梵宇靈宮俱盡惟夏氏收藏書畫樓獨存並參前志顧府志

八年夏四月大水郭府志

十一年夏普照寺僧房倣帚開花

元末金山鐵工張氏婦一產三男並前志

明洪武十八十九二十年水旱無收民有食其子者時官府徵糧不已有作詩傷時事云慚爲乞匄恥踰牆難過遑遑白日長不免鬻妻傷大義且先烹子療飢腸

滿鑪火煮心肝熱一釜湯煎骨肉香寄語肥甘當道者此時焉可復徵權宋府志拾遺

永樂初連歲大水三年夏六月朔雨至於十日高原水數尺窪下丈餘前志

正統九年秋七月十七日大風拔木發屋雨晝夜不息湖海漲溢平地水數尺漂流人畜壞屋廬無數瀕海居民有全村決没者顧府志引周文襄奏冬十二月大雪七晝夜積高一丈二尺居民不能出入皆就雪中開道往來前志

景泰五年春正月大雨雪連四十日不止平地深數尺顧府志夏大水没禾稼大疫死者無算前志

成化八年秋七月十七日大風雨海溢漂没死者萬

餘人鹹潮所經禾稼竝槁顧府志案海塘紀畧作七年事十一年夏四月地大震徧地生白毛前志十七年春夏旱秋七月大風雨顧府志九月朔雨至於冬十月禾不登十一月冬至大雷電雨雪明年饑前志

宏治四年雨水害稼顧府志五年復然郭府志是春有莽生縣學聚奎亭下蔭地丈餘葉如芭蕉花出牆上二尺許十二月前志申野錄作冬十一年夏六月十一日海水溢顧府志十四年冬十月十四日地震屋宇動搖前志十一月大寒河水冰經月始解十六年夏四月雨雹損麥擊牛馬有死者十八年秋九月十三日有風如火從東南來再至

益厲已而地大震聲如萬雷（并顧府志）

正德四年秋七月六日雨至於十一日晝夜不止水溢府庭瀕海高原人民廬舍多漂没南禪寺樹鳴冬極寒松竹多槁死橘柚絶種數年市無鬻者黄浦中冰厚二三尺　五年春白沙鄉十四保胡經家樹鳴（并前志）夏五月雨六月大風決田圍民流離飢疫死者無算（并顧府志）秋九月訛言有兵居民皆出走城中幾空晦日市人瀕而東言兵已至婦女有投井死者（時誅逆閹劉瑾有張氏子在黨中鄉人謂當連及故云）　十三年秋八月大水有九龍門於海　十四年秋八月大風雨損稼民飢（孫志云戊寅己卯兩罹水災饑饉荐臻撫恤束手民益貧感官租逋欠至累萬石）　十五年春二

月丙戌雷火燬金山衛城樓及縣學奎星樓

嘉靖三年春二月夜地震並前志　四年橫涇農孔方爵下產肉塊剖視之一兒宛然宋府志　八年秋七月飛蝗蔽天颶風大作驅蝗入海遺種化爲蟹食稻前志

十九年秋七月海溢傷稼淹人宋府志　二十三年二十四年連歲大旱赤地米穀涌貴前志　三十年大風拔木郭府志遺事　三十一年地動白毛生長七八寸民間牀壁下亦有先是民謠曰地上白毛生妻兒老少一同行明年倭奴登岸焚掠人民逃散參前志郭府志　是年有二虎暴於海上或曰鯊魚所化參前志

三十二年夏六月柘林民家產一兒甫出胎即逸入牀下有聲視其形有毛角如夜乂猶鬼　三十五年

捍海塘渰没廬舍死者數百人鹹潮入内地經歲田
爲斥鹵（並郭府志） 五年夏六月陰雨連旬寒氣凝凜如
冬田成巨浸（前志） 十年秋七月戊辰海潮溢過捍海
塘飄没人畜無數（郭府志） 大風拔樹屋瓦飛空中如燕
雀雨徹晝夜壞禾豆木棉歲饑 十一年春正月朔
地震棟宇搖動器物相軋有聲 十四年春二月乙
未雨黄沙（是日采野蔬食者皆病） 十五年春正月癸卯木介
（晴霽之朝枝葉四面皆冰如玉樹） 夏五月壬辰大雨平地水深丈餘
無麥自夏及秋多異雷颶風無禾菽（並前志） 十六年
夏五月大水（郭府志） 秋七月壬申大風拔木仆屋田禾
皆盡歲大饑民食糠粃繼以草根木葉自經及赴水

夏黑眚見　四十年秋大水田禾淹沒殆盡歲饑五茸志逸曰饑殍浮水者甚多魚蝦至肥分文可得巨魚五六斤並前志　四十一年復大饑郭府志

隆慶元年冬訛言遣中使選宮女民間男女數歲者皆婚　二年冬十月雷電桃李花麥秀梅杏實並前志

三年夏六月朔癸酉海溢大風從東南起人畜漂沒無算郭府志　六年秋七月七日有物轟轟飛至海濱墜地乃鐘也鑄時年月具在識者謂其來自閩云宋府志

萬歷二年冬十二月丙辰大風自西北來倒屋拔木飛瓦一晝夜不息　三年夏五月丁卯大風海溢壞

死者甚衆　十七年春正月雨木冰如箸大饑夏五月大旱至七月不雨六月癸巳夜月中飛雪紛若吹絮驛之皆六出並前志　縣治北賣麪閔姓家驢生一卵大如毬堅如石郭府志遺事　十九年冬十月雷電時作晦夕大震郭府志　二十年冬十月丙午地震　二十三年春正月戊寅地震屋宇動搖漏盡三刻乃止並前志　二十七年秋七月甲戌薄暮聞空中有鬼聲俄而徧地鬼鳴時以紙礮震之民間謠曰天上鬼車叫城中俱放礮不知因甚來朝廷要納鈔次年果有抽稅之舉太監孫隆牽奸徒建稅司於婁之雲間第一橋凡支河悉置鎖柵令拘船四出巡邏民不堪命　二十九年夏六月癸未大雨晝夜不息北鄉田禾盡沒並郭府志　三十二年秋九月金山衛馬生二

卯大於鵝子牢不可破馬卒力破其一五色鮮文郭府志遺事　三十五年夏六月有五色大鳥集山陽蕩高六尺許首有長羽鳳凰時鄉人逐得之重可四十斤其味甚美　秋九月有二虎浮海至金山衛　三十八年春三月庚子夜城鄉鬼嘯自昏徹旦茲前志　四十年夏四月縣民徐氏家生一雞一首四翼四足二尾郭府志　四十五年冬十二月己未夜半大雷電

泰昌元年冬十月癸巳五更震電是夕月圓如望

天啟二年春二月庚寅黃沙四塞日色黯白壬辰雨沙蔽日　三年春三月癸卯地大震丙午復震茲前志

海上地生白毛郭府志　冬十二月丁未地大震聲如風

雨自西北至東南屋宇動搖久之　四年春三月甲辰烈風雨沙日白無光凡三日夏五月淫雨徹晝夜壞禾苗歲饑秋七月辛未地震若雷　五年春三月雨雹大如雞卵杯盌損麥夏四月己亥風霾六月夜聞空中兵刃聲　六年春二月辛巳大風雨雹損麥秋七月朔辛未大風雨兩晝夜拔木仆屋水盈數尺辛卯大風雨損廬舍冬十二月大雪一夕五尺餘竹木折鳥獸多死並前志

崇禎元年春二月雨雪　三年冬十二月戊辰雷並郭府志　五年夏亭林鎮有虎五茸志逸是年大荒米穀騰貴民飢前志　六年春二月雨沙郭府志　秋七月丙午大風

雨傷禾稼壞廬舍　八年春大水茲前志　二月民訛言
夜有狐妖沿海因傳倭警男女奔竄　九年春三月
癸丑雨黃沙茲郭府志　秋九月民家生一雞三足冬十一
月癸亥雨血前志　十二月極寒黃蒲冰郭府志　十年冬
十一月丁卯雨紅沙如血　十三年冬十一月乙酉
冬至大雷雨茲前志　是年天雨鍼其細如繡鍼但無眼
入家釜底都畫龍虎或花草或佛字五井志逸　十四年
春二月朔丙午降黑霧甲寅雨黃沙陰晦四塞三月
戊寅風沙蔽日夏大旱蝗米粟涌貴餓莩載道五月
興聖院塔後斥開出泉味不甚甘官命鑿之而止　秋八月戊午海
潮日三至是月大風雨冰害禾稼　十五年春蝗蝻

生遇雨化爲鰍鱉冬十月丙午冬至夜半疾雷迅風
澍雨折木飛瓦　十六年冬十月朔癸卯黃霧四塞
亥年春正月縣衙火焚兩廡金山衛枯樹自焚池
坎流血竝前志　秋滿城夜聞犬吠池中狺狺達旦五茸志逸
大風海溢漂廬舍渰禾稼壞捍海土塘宋府志
國朝順治二年春三月有燕來巢城東門麗譙樓下育四
雛色如白雪案郭府志作甲申二月有四白燕巢於東門與此微異　民間甑底
生花痕如刻畫或爲折枝菡萏狀夏五月初五日大
吳橋楊冠妻產一子三目額有兩角　四年秋八月
黃浦羣魚大上皆長尺許網之日得五六萬頭凡四
五日止　五年夏四月大風雨冰雹地生白毛秋大

水冬十二月初八日黃霧四塞　九年夏亢旱歲饑（並前志）五月二十六日亭午有五龍見於浦南葉謝鎮其一飛至張澤鎮風雨晦冥摧瓦拔木橋梁皆掀舞空中（縣志稿）　十年金山衛萬壽寺有甘露（宋府志）　十二年春二月初五日地震夏六月初八日又震　十五年春地震有聲夏四月金山衛有白虎突入城負一嫗去守陴官兵格鬬復嚙死四人民俱闔戶竟日忽不見　十七年秋七月二十七日一日三潮

康熙元年歲大稔嘉禾重穎（並前志）　四年秋九月柘林有金姓者妻產一子四手四足目生額閒兩耳俱在額上（縣志稿）　五年秋大熟斛米二錢田之所出不

足供稅富人莪粟盈倉委之而逃百貨充斥無過問者百姓號爲熟荒宋府志 七年夏六月十七日戌時地震屋宇搖撼河水盡沸約一刻止地生白毛 九年夏六月十一日驟雨狂風拔木倒屋凡三晝夜歲饑案縣志稿是年海溢民多溺死 十一年秋七月蝗不爲災茲前志 十

十四年閏五月東關民家李樹生黃瓜縣志稿 十五年冬雨雪有雷 十六年春正月朔四鼓震雷掣電達旦方止旣而雨雪大作路絕行人夏四月地震時大旱水田龜坼茲前志 十七年夏四月初五日地震窗戶動搖頭目俱眩縣志稿 是歲大疫宋府志 十八年春正月朔申刻有黑氣自西屬東其長竟天夏六

旱南鄉沙蟲傷菽金山衛城民家産子眼生額上頭有肉角秋七月二十八日地震八月十六日海濱獲異魚八首龜背大如牛是年民多疫而蝗不爲災

十九年秋八月大疫（竝前志）

二十年秋八月馬嶠寺東張千總妻生一子眼居額上頂生兩肉骨口列四齒（縣志稿）

九月有虎從西來伏東郊華陽橋灌莽中有顧氏子早行被傷又食九保柴場橋姜氏男道兵四出捕之不獲（前志）

二十一年（宋府志拾遺作十六年丁巳）冬十月二十三日提督府署旗竿有青黑氣自下而出又有白氣繞之至二十七日乃滅（縣志稿）

二十二年春正月至夏五月淫雨不止傷麥冬十二月初九日蒸熱

如豆向夕震雷暴雨 二十六年秋七月初十日大風雨雷電至十一日益盛破牆拔木屋瓦飛空千里內外同日俱徧屋壓及舟覆死者比比而是並前志 二十八年秋七月暴風禾盡偃縣志稿 九月初三日不雲而雨前志作雷今從婁志苗皆立枯木棉豆菽皆無收前志 是冬饑縣志稿 二十九年秋七月大風雨禾螟為災歲饑 三十年夏六月有龍過猛將廟拔地方拔銀杏一株根大如屋有卵二斗許形如鵝子並前志 三十一年春二月左營遊擊常元鼎署中雄雞連生三卵九月西關內昇平巷民家產一子上半截具人形而頭稍尖尻有犬尾兩足如雞距 三十二年夏六月縣

野雞產一雛四足後二足連接尾間不能立秋九月初二日昏刻忽風雨暴至有物從東南來東關居民閭戶潛窺黑氣亘天中一物蜿蜒尾垂及地兩目大如箕火光四射一路拖倒殿宇廬舍不計其數榆柳大數圍俱從空捽下有夜航方行吸至高岸老幼歷溺死者甚眾或言妖鼉爲怪是歲民間有乳四犬者內一犬三足一犬頭生兩角

三十四年秋七月有芝生於董進士舍家高半尺許其色正黃

三十五年夏五月亢旱六月颶風大作衝損柘林等處海塘秋七月二十三日颶風復作自東北起飛瓦走石拔木倒廬舍沿海漂沒人民無算（竝縣志稿）

五十一年大

有　五十六年冬十二月空中有聲赤光一道自北而南墜海中聲移時方止　五十七年秋九月初九日一日三潮　五十九年夏五月地震竝前志

雍正二年夏四月上旬鹹潮大入內河禾盡稿　秋七月十八日颶風驟雨自辰至酉勢轉劇沿海民廬漂沒無算縣志稿　三年秋七月嘉禾生　六年春案縣志稿作正月　甘露降竝前志　八年冬十一月二十八日戌刻地震縣志稿　九年秋七月颶風拔木覆屋海溢金山衛城街衢皆水采府志　螟害稼歲饑前志　十年秋七月十六日颶風拔木覆屋海溢漂民居縣志稿　蝝食禾歲大饑官為煮糜以賑

乾隆元年秋七月嘉禾生歲大稔　二年冬十月初五日暴風有海鳧羣飛蔽天食穀月餘始散並前志　三年秋九月初三日大雨雹自鄉界遥迤南田禾無一存者縣志稿　十三年秋七月禾生兩穗至六七穗者前志　十六年夏六月颶風海溢先是海塘內戚家墩有老嫗號呼難至未幾風作見宋府志　十七年有芝產於故尚書王日藻園中壽量庵有泉平地湧出縣志稿　二十年夏六月淫雨經月天氣如冬秋蝝生五穀木棉皆不實冬十一月地震　二十一年夏六月大疫並前志　二十四年秋七月螟傷稼縣志稿　二十六年夏六月大水秋螟生前志自九月至十月杪淫雨

五十餘日禾不得登穀半朽於田縣稿志　是冬大寒河
冰塞路　二十七年秋七月風雨大作平地水高數
尺沿海城垣及官民廨舍傾圮無數米價騰貴並前志
二十九年夏五月地震縣稿志　三十二年秋海濱
漁人網得一龜腹下子午璺具文皆楷書前志　三十
三年春三月丙申民家門上忽有紅圈紅字城內外
都徧縣稿志　三十七年春二月海市見於金山衞城
自卯至酉始隱夏六月十七日午後天微雲不雨忽
迅雷一聲震落縣署景柏堂前古柏一枝而樹仍榮
茂　三十九年秋七月初七日風潮大雨　四十年
秋八月十七日甘露降著草木晶瑩奪目味若飴餳

連降三日是年禾稻大有　四十六年夏大旱六月十八日颶風驟雨竟晝夜七星橋北拔石坊壓塌民屋鹹潮溢入內河經半月水復淡是夜沿海官民廨舍多有漂沒者颶風未作前三日栢林城外倏有物大如屋渾沌其形不見其頭足貼地而蹶越護海塘而去其過處平也成溝工人莫有識者　五十年歲旱　五十一年春二月鹹潮從浦口入府城市河水如鹵凡兩旬始退夏初米價翔貴秋嘉禾生歲大稔並前志

嘉慶三年春正月五日大雪奇寒廚竈皆冰是年水災　十五年夏六月初八日莘莊雨雹壞民屋　十九年秋八月地生毛　二十年饑

道光元年大疫　三年水　十年及十一年海溢

十五年夏颶風海溢壞土塘　十八年冬十二月除夕大雷電以雨　二十一年春二月二十六日夜地震冬十二月又震大雪水介（姜皋有詩）　二十二年冬大雪地震　二十六年春三月地震秋七月又震甚厲　二十九年春二月雨連緜至於五月高田皆水大饑民食糠粃　三十年春二月十五日雨黃沙

咸豐元年夏四月十三保三十二圖盛姓家產一豬無尾一足如人手屈而捧腹指甲皆具冬十一月初六日戌刻地大震　二年夏六月二十一日街上有黑線痕一條自華陽橋至婁之大倉橋而止是年大旱　三年春三月初七夜地大震初八初九日又大

震秋八月初十日雨雹大者如拳冬十二月蠶豆櫻
桃竝實茶花秀　四年春三月二十五日大雷雨雹
夏六月初一夜雨雹秋七月十六日午後震雷有二
龍見雲際水聲如潮　五年冬十月十二日地震
六年夏旱秋八月飛蝗蔽天城鄉俱有是月十一日
一日三潮　七年春蝗孽萌生浦南尤甚夏閏五月
十四日大風震雷次日遺蝗皆盡　九年地生毛
十一年夏六月大風走石秋八月十三日黃昏後有
聲自東南來如疾風送雨如是三四次至五鼓始絕
聞者皆驚十九日晚大雨忽聞啾唧鳴聲漫天徧地
居民無不鳴鑼吶喊城鄉皆然二十八日愛民橋下

有赤練蛇長四尺餘口吞一蛇亦赤色長三尺餘僅餘尾半尺許未盡冬十二月大雪深三四尺

同治四年春正月初八日大雪雷電 九年春正月二十七日夜青燐四起人聲大沸竟夕而止 十一年秋八月十九日浦南地震

光緒二年夏六月大風海溢漁船多飄沒 三年夏五月二十三日大風拔木海水溢秋七月蝗不爲災

案前志疆域不載分野以非一縣所系也而於祥異兼采天文其例似有未純茲之所載凡星日之祥類從簡略猶前志之意至水旱諸條考之海塘田賦諸法諸篇互有異同今以顧府志以下皆然故並仍之不强爲參合焉

閔萃祥撰

【民國】重修華亭縣志拾補校訛

民國鉛印本

雜志

祥異

嘉慶二十一年夏雷擊興聖寺塔

二十三年秋七月二十二日狂風暴雨飛瓦拔木壞民居數十家宋府志徐識

【乾隆】婁縣志

（清）謝庭薰修　（清）陸錫熊纂

清乾隆五十三年（1788）刻本

婁縣志卷十五

祥異志

傳曰天道遠人道邇五行事應之說自劉子政始推明之而破碎穿鑿為後儒所不取然史家撰志卒莫能廢其目者蓋恐懼修省其理存焉爾婁瀕大澤水或失其性而為沴輒暵潦隨之灾祲所紀十居八九令長受地百里蝗不入境虎可渡河夫豈無能為民捍禦者乎今采由秦以來繫於婁者書之非徒襲史例也所以儆夫有位也

秦時長水縣（即由拳縣亦曰囚倦）有童謠曰城門當有血城陷沒為湖一老嫗旦旦往窺城門門侍欲縛之嫗言其故嫗

去後門侍殺犬以血塗門婦又往見血走去不敢顧忽
大水至淪陷為谷因目曰谷水
按秦漢由拳吳時改曰禾興當屬今浙江嘉興府地
而谷水相傳實在縣境今從府志載之
晉惠帝元康中吳郡婁縣民家聞地中有犬聲掘視得
雌雄各一還置窟中覆以磨石宿昔失所在
成帝咸和六年春正月丙辰月入南斗占曰有兵是月
石勒將劉徵從海道入寇殺畧婁武進二縣
南朝宋武帝永初二年夏六月白烏見吳郡婁縣太守
孟顗以獻
文帝元嘉十七年劉斌為吳郡婁縣有一女忽夜乘風

雨怳忽至郡城内自覺去家正炊頃衣不沾濡曉在門上求通言我天使也斌令前因曰府君宜起迎我當大富貴不爾必有凶禍斌謂是狂人以付獄符其家迎之數日乃得去後二十日許斌誅

宋高宗紹興四年冬十月丁未夜大風電雨雹大如茘枝實壞舟覆屋五年冬十月丁未大雨電激射如箭海水大溢九年大饑斗米千錢道殣相望二十九年大饑民食糠粃

度宗咸淳六年冬十一月大水

元世祖至元二十九年夏六月松江水災

成宗大德五年秋七月戊戌朔大風屋瓦摟楯掣入空

中繼而海溢殺人民壞廬舍九年旱蝗明年饑

仁宗皇慶元年秋八月大風海溢延祐元年大旱按通志作七年

文宗至順元年閏七月大水冒村郭殍殣相望

釋順昌上官府祈晴書畧曰昔公孫宏對策有曰心和則氣和氣和則形和形和則聲和聲和則天地之和應矣今日上下之心和耶不和耶傷天地之和氣者誰與使盲風怪雨發作者誰與凶年饑歲老弱將轉乎溝壑矣當此之時為民父母不以由己饑之由己溺之之心處之而泛泛然迎請超果寺觀音大士至普照有同兒戲具文之祈禱安能召和氣而回天

意哉為今之計莫若講行救荒之政平糴價以寬民力行賑濟以救饑貧放商税以通客旅清獄訟以雪寃枉察吏奸以禁賄賂抑小人以扶君子通下情以求民瘼凡可以弭灾異召和氣者盡心力而為之憂國願豐出於一念之誠則大士不須祈禱而慧日自呈祥矣人事盡而天理見惟閣下留意

順帝元統二年夏五月雨雹大小不一皆有一眼若珊琢然後至元二年松江大旱

陶宗儀輟耕録云時閩方士沈雷伯道術高妙府官遣吏賫香幣過嘉興迎請以來驕傲之甚以為雨可立致結壇仙鶴觀行月孛法下鐵簡於湖泖潭井日

取蛇燕焚之了無應驗羞赧宵遁僧柏子庭有詩云

誰呼蓬島青頭鴨來殺松江赤鏈蛇聞者絕倒

三年歲饑夏六月民間訛言拘刷童男女為奴婢

輟耕錄云時自中原至江南府縣村落凡品官庶人家但有男女年十二三以上便為婚嫁六禮既無片言即合有不待車輿親迎輒徒步以往者雖守土官吏與夫韃靼色目之人亦如之竟莫能曉經十餘日纔息自後匹配不齊各生悔怨或夫棄其妻或妻憎其夫或訟於官或死於夭此夫下大變從古未聞也

至正八年（按府志訛至正紀年誤今正之）夏四月大水十五年秋七月六日夜松江孫元璘泊舟城西柵口見一星大如杯椀

色白而微青尾長四五丈光燭天戛然有聲由東北方飛入月中時月如仰瓦正乘之無偏倚十六年春正月楓涇戴君實家柳樹若牛鳴者三二月官軍亂越三日苗軍至大殺掠兩月乃息君實屋燬於兵二十一年夏四月辛巳朔日將沒忽無光作蕉葉樣天黑如夜星斗燦然食頃乃復舊二十四年夏六月乙卯夜四鼓近海處潮忽驟至人訝非正候至辰時潮復來乃知先非潮也湖泖素不通潮忽平涌起三四尺若潮漲勢正與此時同平江嘉興亦然

明太祖洪武三年秋七月十六日大風從海上來塵沙蔽空有物如烏鳶亂飛又類屋瓦皆楮幣也

成祖永樂初連歲大水三年夏六月雨十日不止高原
水數尺窪下文餘
朝命通政使趙居任至松江治水嘗發超果寺橋令
居民插茭蘆水田中曰望青亦可也民不悟遂從之
後皆據以起稅時有白水徵糧趙通政之謠
英宗正統九年秋七月大風拔木發屋雨晝夜不息湖
海漲涌平地水數尺漂流人畜壞室廬無數冬十二月
大雪七晝夜積高一丈二尺民居不能出入就雪中開
道往來郡城一望皆白名曰雪際門明年倭寇亂
景帝景泰五年春正月大雨雪四旬不止平地高數尺
湖泖皆永夏大水沒禾稼大疫死者無算

憲宗成化八年秋七月大風雨海溢十一年春四月地大震生白毛十七年春夏旱秋七月大風雨九月朔雨豆秋冬十月禾不登十一月冬至大雷電雨雪明年饑

孝宗宏治四年雨水害稼五年復然是春芥生縣學聚奎亭下蔭地可丈餘葉大如芭蕉花出墻上二尺許十一年夏六月泖湖水溢十四年冬十月地震十一月大寒湖泖氷經月始解十六年夏四月雨雹損麥十七年夏六月十四日五色雲見西北初若鳳一羽俄數如連山光華爛然移時乃散十八年秋九月有風如火從東南來再至益厲已而地大震後數日有星東北流墜於海光如火聲如雷明年崇明有海寇

武宗正德四年秋七月六日雨至十一日不止水溢冒府庭人民廬舍多漂没冬極寒松竹多槁死橘柚絶種數年市無鬻者五年夏麥多歧穗上海陸文裕公深有瑞麥賦五月雨如四年六月大風決田園民流離饑疫死者亡算秋九月民間訛言兵至居民出走城中幾空晦日市人須而東言兵已至婦女有投井死者時方誅逆奄劉瑾有張氏子在黨中鄉人謂當連及云

十三年秋八月大水十四年秋八月大風雨損稼民饑

十五年春二月丙戌雷火燬縣學奎星樓

世宗嘉靖三年春二月地震八年秋七月飛蝗蔽天兒

風大作驅蝗入海遺種化為蟹食稻二十三年二十四
年連歲大旱赤地米穀涌貴米一石值銀一兩六錢前此未有二十六
年泖中有古木為蜃出沒巨浪中風雨狂驟咫尺莫辨
三十年地動白毛生民間謠曰地上白毛生妻兒老少
一同行明年倭亂三十五年夏黑眚見四十年夏五月
大雨徹晝夜平地水丈餘秋大水田禾淹没殆盡歲饑
四十一年復大饑
穆宗隆慶元年冬民間訛言選宮女婚娶無虛日配多
非偶二年正月秀野橋油肆火延燎數百家風飄飛燄
林木俱焚六畜死者無算冬十月雷電桃李花麥秀梅
杏實三年夏六月癸酉海溢

神宗萬歷二年冬十二月丙辰大風從西北來倒屋拔木一晝夜不息三年夏五月丁卯大風海溢漂没廬舍鹹潮入内地經歲田為斥鹵五年夏六月陰雨連旬寒氣凝凜如冬田成巨浸十年秋七月戊辰颶風海溢歲饑十一年春正月乙卯朔地震十四年春二月乙未雨黄沙十五年春正月癸卯木介夏五月壬辰大雨平地水深丈餘無麥自是及秋多異雷颶風無禾菽十六年春大旱李墖滙延壽院墖頂銅盤内有物盤旋其間狀如猴數日方去人疑為旱魃夏四月民家屋壁有白堊粉針五月大水秋七月大風拔木仆屋田禾皆盡民大饑食糠粃繼以草根木葉自經及赴水死者甚衆十七

作春正月雨木氷如箸大饑夏五月大旱至於七月不雨六月癸巳月中飛雪紛若吹絮擘之皆六出十九年冬十月雷電時作晦夕大震二十年秋七月起果寺南民家產一雞冠散垂如緌中有一角冬十月丙午地震二十三年春正月天鼓鳴地震起西方至東南漏盡三刻乃止二十四年十二月二十三日卯墖潮音閣大士忽現白毫光如疋練長亘千尺是日風從東北來幢幡反飄東北二十五年夏五月戊午大雷雨鍾賈山蛟起崩其西南隅二十六年秀野橋張氏竈下地湧血二十七年七月甲戌薄暮闃空中鬼聲俄而遍地鬼鳴

時以紙砲震之民間謠曰天上鬼車叫城中俱放砲

不知因甚來朝廷要納鈔次年果有抽稅之舉太監孫隆率奸徒建稅司於雲間第一橋凡支河悉置鎖柵令械船四出巡邏商賈被害民不堪命

二十九年夏六月癸未大雨晝夜不息北鄉田禾盡沒氣忽寒慄三十五年四月龍蟠李塔滙浮圖上雲霧四合但見其尾食頃乃去塔頂回闌俱有龍爪跡三十八年春三月庚子夜鄉城鬼嘯自昏徹旦四十一年夏五月庚申夜大雨雷擊西林寺塔焚三級火三日不絕戊寅夜雨雷電竟夕有鵲數百死塘橋鎮北四十五年冬十二月己未大雷電四十七年春正月乙酉朔五更鬼嘯自東南至西北

光宗泰昌元年冬十月癸巳五更震電是夕月圓如望
熹宗天啟二年春二月庚寅黃沙四塞壬辰雨沙蔽日
二年春三月癸卯天鼓鳴地大震丙午復震冬十二月
丁未地大震聲如風雨自西北至東南屋宇動搖久之
四年春二月甲辰烈風雨沙日白無光凡三日夏五月
霪雨徹晝夜壞禾苗歲饑秋七月辛未地震若雷五年
春三月雨雹大如雞卵杯盌損麥夏四月己亥風霾六
月夜聞空中兵刃聲南郊古樹出血六年春二月辛巳
大風雨雹殺麥秋七月朔辛未大風雨兩晝夜拔木仆
屋水盈數尺府譙樓傾辛卯大風雨損廬舍冬十二月
大雪一夕五尺餘竹木折鳥獸多死

莊烈帝崇禎三年冬十二月戊辰雷四年泗涇鎮婦人李氏化為男生一子五年大荒米穀騰貴民饑六年春二月雨沙秋七月丙午大風雨傷禾稼壞廬舍八年春大水九年春三月癸丑雨黃沙冬十一月癸亥雨血十二月極寒黃浦泖湖皆氷十年冬十一月丁卯雨紅沙如雨十一年夏四月包家橋某姓婦一產三男十二年夏超果寺鐘自鳴釜底煤皆作花十三年冬十一月乙酉冬至大雷雨十四年春二月丙午朔降黑霧甲寅雨黃沙陰晦四塞三月戊寅風沙蔽天夏大旱蝗米粟湧貴饑莩載道秋八月戊午海潮日三至是月大風雨氷害禾稼十五年春蝗蝻生遇雨化為鰍蟹冬十月丙午

冬至夜半疾雷迅風澍雨折木飛瓦十六年冬十月癸
卯朔黃霧四塞
國朝順治二年三月民間甑底生花痕如刻畫或為折
枝及菡萏狀江浙間十室而九四年八月泖浦羣魚大
上皆長尺許網之日得五六萬頭凡四五日止五年四
月大風雨氷雹地上生白毛八年秋大水九年夏亢旱
歲饑十二年二月初五日地震六月初八日又震十五
年春地震有聲
康熙三年秋七月颶風田禾無収七年夏六月十七日
地震自西北至東南屋宇搖撼河水盪沸約一刻止翼
日地生白毛九年夏六月十一日驟雨狂風拔木倒屋

三晝夜乃止是歲饑十七年夏四月初五日地震十八
年秋八月蝗不為災
許纘曾定舫隨筆云是年飛蝗蔽天自北而南所過
或食竹葉或食蘆縫無食禾者知府魯超自蘇州歸
見蝗皆抱穗而死
二十年秋九月有虎伏東郊華陽橋灌莽中有顧氏子
早行被嚙後逸去至天馬山遣兵士四出搜捕不獲二
十一年大有年
是年禾生一莖兩穗間有三四穗者有人取一束紀
年月於紙藏超果寺鴛鴦殿瓦楞中乾隆八年釋明
智重修此殿乃得之

二十八年秋七月暴風禾盡偃九月不雲而雨田禾木棉豆花皆無收歲饑二十九年秋七月大風禾螟為灾歲饑三十年夏六月有龍過猛將廟地方拔銀杏一株根大如屋有卵二斗許形如鵞子積其下三十五年夏五月亢旱六月颶風大作秋七月二十三日颶風復自東北起拔木壞屋人民有死者五十六年冬十二月空中有聲赤光一道自北而南墜海中聲移時方止五十七年九月初九日一日三潮五十九年夏五月地震

雍正二年夏四月鹹潮大入內河禾盡槁知府周錞元禱於神而退秋七月十八日颶風驟雨自辰至酉勢轉劇錞元科頭跣足泥濘中十步一拜至城隍廟風遽息

是日沿海漂没民廬無算六年春正月甘露降江蘇巡
撫魏廷珍疏聞奉
旨據奏松江地方天降甘露該省臣民皆以為朕之功
德感召所致合詞頌祝等語夫甘露之瑞載在禮經自
古以來咸稱嘉慶今蒙
上天恩賜若不以為瑞非所以敬承
天貺也但此番未見於宮廷上苑而見於松江想因江
南地方官員有惠政及民或本地人民風俗良善有上
感
天心之處是以錫兹瑞應昭示羣黎朕深為該地方稱
慶若官民等歸美於朕朕不敢居也但願該地方官民

紳士受
天恩賜倍勵虔恭官斯土者益厚其教養之道居是邦者愈篤其忠孝之忱吏治清明民風醇厚則
上蒼眷佑錫福方來此則朕之深望也勉之勉之八年冬十一月二十八日戌刻地震九年秋七月蝝生饑十年秋七月十六日颶風援木覆屋海溢漂民居蝝生食禾歲大饑

乾隆四年夏四月安樂二啚民何效章妻陸氏一產三男十三年禾生兩穗間有六七穗者二十年夏六月霪雨經月天氣如冬秋蝝生五穀木棉皆不實官為煑粥賑饑冬十一月地震厥明民間垣扉上皆白堊如針形

二十一年夏六月大疫二十四年秋七月螟蟲傷稼二十六年夏六月大水秋螟生冬大寒河氷塞路三十九年秋七月初七日風潮大雨四十年八月十七夜甘露降着草木晶瑩奪目味若飴餳連降三夕至二十日乃止是年禾稻大有四十六年夏六月十八日颶風大雨竟晝夜

【光緒】婁縣續志

（清）汪坤厚、程其珏修　（清）張雲望纂

清光緒五年（1879）刻本

祥異志

降祥降殃之說載自尚書而儒者或不道豈以其穿鑿附會近於虛妄故歟顧遇災而懼亦君子律身之常況吾邑自遭粤逆擾亂前後數十年間上帝好生豈無所以儆人心而先爲之兆乎爰就聞見所及彙而志之不得盡以無稽而廢之也志祥異

乾隆元年丙辰秋七月嘉禾生歲大稔

三年戊午秋九月初三日龍鬬於泖由泖港東南入海所過處禾稼盡傷

八年癸亥冬十一月二十八日夜有星孛於西方月

餘始減

九年甲子春二月初九日大雨雹五月大雨數日水陡漲發北鄉湮没田畝無數是年大饑至有以斗米易一婦者

十三年戊辰秋七月禾生兩穗

二十年乙亥夏六月霪雨經月天氣如冬秋蝝生五穀木棉皆不實冬地震

二十一年丙子夏六月大疫

二十四年己卯春三月慧星見南方月餘始滅

二十六年辛巳春正月朔日月合璧五星聯珠

二十七年壬午秋七月風雨大作平地水漲數尺沿

海城垣及官民廨舍傾圮無數米價騰貴

三十四年乙丑夏大水秋七月有星芒長數尺西指至八月而滅

三十七年壬辰歲大稔夏六月十七日午後天徵雲不雨忽迸雷聲震華署古柏一枝樹仍榮茂

三十九年甲午秋九月地震冬十月甘露降

四十六年辛丑夏六月十八日颶風驟雨竟晝夜鹹潮溢入內河經半月水復淡是夜沿海官民廨舍多有漂没者土人謂之海嘯

四十七年壬寅夏六月地震秋七月泗涇鎮南龍關大風壞室廬吳傷口石橋失其半拋落不知其處

四十八年癸卯上巳日自辰至酉積雪盈尺秋七月七寶鎮市河中有蜈蚣數萬隨潮而入居民相戒不敢飲其水

五十一年丙午春二月鹹潮從浦口入府城河水如鹵兩旬始退夏米價翔貴每斗至五百六十文

五十五年庚戌四月大雨雹壞麥

嘉慶三年戊午春正月五日大寒廚竈皆冰有僅舉一炊而不起者是歲旱

九年甲子夏五月狂風數日河水陡漲田畝盡沒薪米昂貴

十二年丁卯秋七月大星見於西有芒作作二三四夜

即滅

十六年辛未夏六月二十三日夜西北有星芒溢三四丈倏歛倏放光焰如火直指斗柄之第三星黄昏即起後復有星見東北五更始起光芒亦鉅遥射斗宫至十一月俱滅秋八月朔白虹横亘東西初五至初七大霧三日著物俱成白色

十七年壬申秋七月二十三日白虹見

十九年甲戌夏六月徧地生白毛氄輭如髪長一二尺不等是歲大旱

二十五年庚辰秋大疫

道光元年辛巳夏大疫秋雞翼兩旁生爪蘇松皆然

三年癸未春二月大雨至夏五月方止秋七月大雨九月亦如之是歲大饑

十三年癸巳秋十月霪雨後復繼以雪禾稻不登是歲租糧無着大饑

十六年丙申夏五月二十三日夜雷聲甚震相傳府學

聖殿被擊

神座後牆穿一穴徑尺餘正殿四圍牆上雷楔可數千計前面兩廊木似爲龍爪劈碎附近居民云電光閃處見一巨蛇環在脊上與雷格鬬或云前砌月臺時旁露一孔孔中見一人面形懼而急掩之茲遭雷擊

卽此物與
十八年戊戌冬十二月除日天氣如仲夏夜大雷電
雨
二十年庚子初夏西北郊相驚有鬼火兵撤夜鳴鑼
不睡華亭姜皐作鬼兵行
二十一年辛丑春二月二十六日夜二鼓時地震夏
四月初天南有白氣一道長二丈餘自西指東形如
幅布日沒卽見月餘乃隱五月十日雷震魁星閣或
曰曾見一物似猴而無毛盤居閣中雷震時揭去一
頂秋八月十六日三鼓後大星隕西北聲如雷
二十四年甲辰冬十月二十三日戌刻地震

二十五年乙巳夏六月地震

二十六年丙午夏六月十四日丑刻地大震冬十月五日亥刻地又震

二十七年丁未夏六月十三日地震衆星隕二十八日颶風大作

二十九年己酉春二月大雨晝夜不息至五月方晴時田未插秧南北東西汪洋無際是歲大荒六七月間地屢震

咸豐元年辛亥春正月十七日夜子刻地震二月大雪

二年壬子夏五月地生白毛是年大旱冬十一月地震

三年癸丑春三月七日夜地大震連日屢震六月天之南有星光芒四出七月天之西北有星芒直出四尺有餘者八月初十天雨雹冬十二月天氣如春

四年甲寅秋七月地大震十六日午後颶風大作冬十二月地屢震

五年乙卯秋大疫十月十三日夜地動

六年丙辰夏大旱自五月至六月不雨地生毛苗槁有蝗自北來田禾被食中秋後熱如夏飛蝗復來

八年戊午秋九月有星孛於西北長約丈餘上濶下銳每夜移至西南而沒二十餘日乃隱

九年已未春三月初六日夜彗星見於西方

十年庚申春三月十三日大雪立夏日寒如冬令五月十四日夜大星隕十九日夜彗星見於西北光長尺許直指東南

十一年辛酉夏五月二十六日夜有星孛於斗垣下自西北指東南白光如匹練長約數丈逾月乃滅秋八月十八日晚有小鳥無數自東北往西南日沒後徧處鳥聲甚夥居民鳴金逐之一更許乃止十九日夜城鄉鬼嘯大風雨二日冬十二月二十六日大雪至三十日始止門戶被封平地雪深數尺時適髮逆犯境因之凍餓死者無算黃浦冰至正月十四日解

同治元年壬戌夏五月大疫秋七月三日夜半天忽開

頭如晝頃刻即冥
二年癸亥春二月城鄉鬼嘯
三年甲子春三月三十日酉刻地震夏五月十日夜半狂風大作傾屋廬無算樹木有爲之拔者
五年丙寅秋九月十五日黎明地震冬十二月七日子刻又震
九年庚午正月二十七日夜有聲自西南起轟轟莫辨次日傳爲陰兵動云
十年辛未夏六月十六日夜有星自東移西隕於地大於雞子光焰甚長二十六日夜東南有一星赤如火徐徐挂下

十三年甲戌夏五月十八日夜西北有星光長二尺直指東南二十餘日而滅

光緒二年丙子夏四月訛傳翦辮并紙人壓人城鄉皆然家家門上貼鐵鎮鎮鎮四字至七月始息六月十五日黎明天色赤如臙脂約二刻許七月初金星晝見

三年丁丑五月二十三日大風雨拔木壞室廬無數六月飛蝗自西北來集泖涇一帶越二宿而去七月初遺蝻復萌路爲之蔽田禾間有損傷

婁縣續志卷十二終

【光緒】南滙縣志

（清）金福曾、顧思賢修　（清）張文虎等纂

清光緒五年（1879）刻本

雜志

祥異

元大德五年辛丑七月朔大風海溢壞民廬舍欽志

明洪武三年庚戌七月大風自海來塵沙蔽空如有飛物徧集沙岡林姓垣外皆楮幣也人呼鈔飛林欽志

八年乙卯九月大水饑明史作十二月上志

十一年戊午秋七月海溢民多溺死嗣是正統八年甲子天順二年戊寅是年漂溺萬八千人五年辛巳八年甲申成化八年壬辰漂没萬餘人鹹潮害稼嘉靖十八年己亥隆慶元年丁卯三年己巳萬歷十年壬午十九年辛卯自一團至九團泛溢幾及百里終明世盛漲凡十一次風汛多

在七月或六月漂没人畜不計歲輒饑參欽志上志

永樂元年癸未饑二年六月大水饑三年六月霪雨浹旬高原積水丈餘上志

正統九年甲子十二月大雪七晝夜積一丈二尺欽志

成化十七年辛丑春二月地震夏旱秋七月大風雨九月霪霖害稼十一月冬至大雷電上志

宏治十四年辛酉冬十月地震上志

十八年乙丑九月十三日有風如火地大震越數日東北有流星墜海如雷火欽志

正德四年己巳七月大雨十一日不絕瀕海高原民舍多遭漂没冬極寒黃浦冰厚二三尺經月不解竹柏多死歲苦

饑明年夏麥穗多岐五月雨如前歲低鄉盡沒歲又饑疫癘大作民死幾半參欽志

嘉靖三十年辛亥地震生白毛有長七八尺者上志

二年戊辰冬十月雷電桃李開麥秀梅杏實陸學淵副志

三年己巳九月八日暑如盛夏雷大震九日寒如嚴冬雷震夜達旦禾稼經鹹潮盡死蟛蜞蟲爲害參欽志上志

萬歷五年丁丑六月寒如冬連雨傷稼上志

十一年癸未春正月朔地震器物相軋有聲副志

十五年丁亥正月雨木冰亦稱木介夏秋異雷颶風禾麥俱被淹折明年飢民煽亂掠富室相殺傷甚衆欽志

二十七年己亥秋七月城鄉徧地鬼嘯新場民嚴四家生一

白豕身如人鼻方長前二足亦人手副志
天啟三年癸亥地震日大震土生白毛十二月復大震有聲
恍自西北至東南屋舍搖動明年大水饑欽志
六年丙寅七月朔辛未大風雨兩晝夜拔木仆屋至辛卯復
然冬十二月大雪一夕深四五尺竹木折鳥獸死副志
崇禎五年壬申四月雨血自五竈港迤西北去是年旱大荒
米價貴民饑欽志
八年乙亥春大水民訛言夜有狐妖沿海居人相驚以倭寇
至男女奔竄副志
十年丁丑冬十一月雨紅沙如血副志
十三年庚辰春夏旱苗枯翻種花豆六月大雨仍翻禾秋冬

又連旱歲大饑明春米斗銀四錢錢草根木皮都盡欽志

十四年辛巳春二月野漫黑霧雨黃沙陰晦四塞三月風霾蔽天日夏大旱蝗米粟湧貴道殣相望副志

十五年壬午十月冬至夜疾雷迅風雨如注折木飛瓦米斗值銀三錢九分時錢法澀惡每千價三錢六分明年夏五月至七月不雨河港水盡涸冬至夜大雷電以雨木棉斤三百文准銀一錢又明年正月元日大風霾夏亢旱水泉竭參上志

國朝順治三年丙戌春二月十九日鬼號白晝徧城市副志

五年戊子四月三日大風雨雹擊傷牛馬麰麥地生白毛秋七月二十一日黃浦潮日三至欽志

七年庚寅歲饑花米騰貴米石五兩花斤一錢上志

九年壬辰夏大旱河涸爲路鑿井溝底得水鹹濁且臭是歲大饑欽志

十一年甲午六月二十二日大風雨海溢人多漂沒上志

康熙三年甲辰八月一日大風雨海溢漂沒人畜廬舍川沙營參將俞楨冐風雨駕舟四處救援多所全活明年夏大雨米賤每石銀四錢入秋大旱上志

五年丙午夏六月十四日暴風驟雨毀民房廬舍無算川沙堡裔副憲坊及數百年古樹俱倒拔海潮大作副志

七年戊申夏六月十七日地大震越日土生白毛上志

九年庚戌六月十一日海復溢大風雨拔木仆屋三晝夜始漸息是歲饑上志

十年辛亥四月至七月亢旱歲饑上志
十三年甲寅夏五月杜行鎮枯樹自焚五竈金閏之女一產
三男副志
二十二年癸亥冬寒黃浦水斷臘月九日熱如夏大雷雨上志
二十八年己巳夏寒雨浹旬氣候如深秋歲歉副志
三十二年癸酉夏川沙田家生小豬隻眼在額肉角中垂副志
三十五年丙子六月朔暴風海潮没鹽場民死相枕藉欽志
四十四年乙酉夏旱秋大水民饑欽志
四十六年丁亥夏大旱河涸禾豆盡槁明年大水又遭漂没
米頓貴民饑欽志
五十二年癸巳夏六月至七月大旱八月大水風潮連三作

歲遂歉周浦鄉閒生人面豆眉目口鼻皆肖副志

六十年辛丑民饑食賑粥者日數千明年冬寒木生介欽志

雍正元年癸卯四月八日大雨雹自龍華至閘港大者重至四五十斤擊死一人傷無數明年夏旱七月十八日大風驟雨海溢淹溺各團田廬人畜壞鹽場欽志

十年壬子秋七月螟食稼過半十六日狂風起東北暴雨下如注潮入海塘聲如雷平地水高三四尺巨木多拔地撼似震漂廬舍溺人畜什居六七五六團尤甚至不能辨井里新舊屍塞河脂浮水黑禾稼盡爛魚亦死歲大饑民多食樹皮草根轉乞鄰郡所棄子女死亡無算明年夏旱歲復饑又病疫死者亦無算十二年甲寅春猶饑胡志

乾隆二年丁巳十月初五日暴風有海兎蔽天月餘始散胡志

三年戊午八月大風雨海溢六年辛酉十二年丁卯又溢時俱七月上志

四十六年辛丑夏大旱六月十八日海溢大風雨拔木屋多仆漂没人畜無算歲饑胡志

五十五年庚戌夏四月五日大雨雹損麥十六保尤甚胡志

五十九年甲寅七月七日大風雨海溢八月十八日大雨歷十晝夜歲大饑上志

嘉慶四年己未七月三日大風雨海溢七年壬戌七夕復溢漂没欽塘外廬舍人畜無算廳志

九年甲子八團海濱有鯊魚化虎登岸死傷各一人羣逐之始南去廳志

十八年癸酉地生白毛廳志

十九年甲戌大旱河盡涸籽種不能下低田棉花結鈴後海民成羣搶擷富室雇人抵拒幾釀亂是歲饑

二十三年戊寅歲大稔

二十五年庚辰疫癘大行轉筋霍亂證自此始

道光元年辛巳歲大熟通邑患霍亂治少緩即斃有全家罹此劫者是秋雞兩翼內輒生爪

二年壬午旱河底坼

三年癸未春二月苦雨至夏五月始略止秋七月又苦雨禾稼盡淹九月亦如之平地積水高三四尺舟行街巷水退地生毛通邑大饑米石錢六千文疫癘證并作民有成羣

橫索者參廳志上志

十三年癸巳自春二月至夏五月大雨入秋又連雨禾棉盡被災米斤錢四十餘文民大饑上志

十五年乙未夏旱河港幾涸六月十八日海潮驟湧過護塘沿海禾棉藉以滋灌廳志

十六年丙申歲稔米斗僅錢二百八十文上志

十八年戊戌秋颶風海潮大作中秋見霜棉花鮮實歲又饑

二十一年辛丑冬十月雨雪積三四尺屋上輒印人馬足蹟十二月地震

二十六年丙午夏六月十四日子時地大震屋隕如雨至冬十月五日亥刻地又震半空有聲如雷明年夏五月又震

大地墳湧若水紋趨南仍有聲

二十九年己酉春多雨交五月連雨五十餘日棉花裹草中米價陡漲每石七千文鋪糴以二百文爲限民囂然天霽始定嗣是至重陽又連月不雨水旱並災花穀無獲民大饑米價每斤五十餘文疫復大作餓莩載道

三十年庚戌春饑民乏食羣出乞多路斃

咸豐元年辛亥歲大稔

二年壬子十一月初二日戌時地震

三年癸丑三月連日地震四十二三啚民人徐勝和家園中李結實數枚如王瓜七月十八日縣治大堂前楹無故自傾

四年甲寅秋稻熟生蜚附根立萎穀盡成粃有拌災及數十畝者歲大歉冬十一月河中水潛漲二寸許冰為裂

六年丙辰八月飛蝗蔽天僅食蘆葉未成災邑令馮禱於劉猛將廟蝗即飛集廟樹若聽約束人異之明年夏大雨蝗羣赴海灘死

十年庚申秋甚雨夜每魖魖有聲無定在或目為地愁城廂及鄉鎮莫不聞

十一年辛酉五月地震七月航頭鎮浴肆衣箱滴血沾人身染衣者浣不去八月地徧生白毛仍魖魖作聲徧通邑人謂為鬼愁十二月二十七日大雪連下至除夕厚積至五尺餘苦寒

同治元年壬戌春正月霜霧作花徧著草樹狀如鷄毛彌望

古諺霜淞打霧淞貧兒備飯甕主豐稔是歲二麥俱大熟棉稻亦倍收棉花斤值百錢餘嗣是連稔三年

二年癸亥二月城鄉鬼嘯大疫

三年甲子春三月晦酉刻地震夏五月初十夜狂風大作傾倒牆屋拔木覆舟中秋後百日無雨

十一年壬申三月朔熱如暑八月地震九月桃花開冬暖

十三年甲戌六月龍掛邑城天冥水聲如雷拔關廟一樹

【民國】南滙縣續志

嚴偉、劉芷芬修　秦錫田纂

民國十八年（1929）刻本

南匯縣續志卷二十二

雜志

祥異

光緒元年乙亥秋八月朔大風雨川港皆溢歲祲

二年丙子夏訛言夜有黑氣壓人如夢魘并剪人髮辮城鄉皆然民家多貼𨭉鎮錠錠四字秋深始息六月二十八日午後太白星見

三年丁丑夏五月二十三日大風雨拔木壞屋

四年戊寅冬十一月初八夜白虹貫月

五年己卯春三月十三日寅刻地震

六年庚辰春三月初五日白虹見

七年辛巳夏五月大水六月彗星見秋閏七月初四日大
風雨海溢歲大饑
八年壬午夏五月大水舟行街巷秋八月彗星見
九年癸未夏四月二十日戌刻白虹亘天秋七月大風雨
海溢禾棉淹沒貧民到處求食冬十月戊申朔日食
十年甲申歲饑
十一年乙酉夏六七月疫癘大行
十五年己丑夏大疫民多死亡秋八月二十四日起至九
月底霪雨四十五日禾棉腐爛全境大饑民有成羣橫索
者
十八年壬辰秋九月夜半彗星見東方冬十二月苦寒雨

雪積三四尺
十九年癸巳地生白毛
二十三年丁酉夏五月至六月四十日無雨七月初旬棉始芽是歲饑
二十四年戊戌夏大旱欽塘東河盡涸米價騰貴每石七千餘文
秋七月初四夜子時黑虹見冬十月十一夜半白虹見
二十五年己亥春四圖傅姓婦產二男胸腹連合夏六月譌傳妖術剪雞毛秋九月初一夜彗星見
二十六年庚子春三月初十日晨雨雹晝晦如夜比戶燃燈至午時復明是歲拳匪擾京津乘輿西狩
二十八年壬寅春二月至九月喉痧大作多至不救有閭

家盡死者六圖瞿姓宰豬見一象胎

三十一年乙巳秋八月初三日酉時天現黃色夜半大風雨海潮湧過王塘自三圖至七圖死千餘人廬舍物畜浮屍漂沒無算邑令李超瓊繕血書禱城隍廟會同邑紳勸災賑濟上海籌賑所張韋承顧家楨來南放賑埋屍

三十二年丙午夏米貴邑積穀倉辦平糶明年夏亦然

三十三年丁未三月地震夏六月六日龍挂三四圖界大風拔樹仆屋有浮屠捲入雲際者秋九月地生白毛

三十四年戊申夏六月二十四夜彗星見秋七月十七日雷殛九十七啚黃聯生家十二歲養媳

宣統元年己酉冬十一月二十七日亥時地大震十二月

彗星見西北方

二年庚戌夏五月彗星見牛瘟秋風潮衝壞圩堤棉花貴每擔銀十二圓

三年辛亥夏牛又瘟如前五月十四日戌時白虹見夏六月彗星見秋七月米貴每石銀十二圓

祥異補遺

元大德九年乙巳旱蝗明年丙午饑

皇慶元年壬子秋八月大風海溢廳志

延祐元年甲寅大旱三年丙辰大水四年丁巳大饑參上志廳志

七年庚申大旱袁介有踏災行欽志

至順元年庚午秋閏七月大水爲災道殣相望

元統二年甲戌夏五月雨雹

至元三年丁丑饑顧府志作二年夏六月民間訛言詔選童男女一時嫁娶殆盡平江蘇達卿時爲縣吏有女年十二贅里人浦仲明子爲壻明年生一子

至正四年甲申秋七月李君佐過黃浦見一青雞立日上不見其足李下拜竚觀至沒而去以上上志廳志

七年丁亥秋八月十二日浦中午潮退未幾復至

八年戊子夏五月大水以上上志

十五年乙未秋七月夜一星大如碗色白而微青尾長四五丈光燭天戛然有聲由東北方飛入月中時月如仰瓦正乘之廳志

十七年丁酉春三月李勝一家雞伏七雞一雛作大雞

狀鼓翼長鳴、

二十一年辛丑四月朔日未没忽無光漸作蕉葉樣天黑如夜星斗燦然食頃再明以上府志

二十四年甲辰夏六月乙卯漏下四鼓江海水涌起三尺餘欽志

二十六年丙午秋八月有流光旋隕一魚按上海鄭志云有牧羊兒見之是日縣市又見流星投北范志云魚在浦東俞家橋長盈尺飯店婦鹽漬藏之新志引農田餘話云張氏有國時邑中墜一海魚長幾二丈名曰闘霸囂志

明洪武十八年乙丑至二十年丁卯禾麥無收饑民至煮子女爲食

永樂六年戊子夏四月大水

洪熙元年乙巳夏積雨傷稼

宣德七年壬子水災

正統四年己未秋七月大風拔木傷稼

五年庚申水災以上參上志廳志

九年甲子秋七月十七日大風雨拔木發屋海溢有全村決沒者欽志

景泰五年甲戌春正月大雨雪四旬不止平地積數尺夏大水大疫

成化二年丙戌饑以上參上志廳志

十一年乙未夏四月地震生白毛廳志

十八年壬寅饑上志

二十年甲辰夏秋間訛言夜有物入人家遭之者如寐魘或傷人又訛言有虎皆盜所為獲盜遂息

宏治四年辛亥雨水害稼明年壬子復然以上上志廳志

六年癸丑冬大寒上志

八年乙卯夏五月大疫民饑

十一年戊午夏六月十一日海溢

十六年癸亥夏四月大雨雹損麥沙岡左右有擊死牛馬者夏秋旱

十七年甲子夏六月五色雲見西北初若鳳一羽俄敷如蓮山光華燦然移時乃散以上參上志廳志

正德元年丙寅大風雨海溢廳志

五年庚午夏六月大風欽志

六年辛未夏六月大水龍見黃浦東南所過焦禾壞屋府志

七年壬申大旱秋七月二十五日大風海水暴漲冬十一月冬至海上有火如列炬且聞金革聲民疑寇至空巷出走是歲日下有黑景或三或四隱見不常

八年癸酉夏六月二十八日有星大如月光芒燭天食頃而滅歲饑

十一年丙子夏大雨殺禾麥

十三年戊寅夏大雨彌月漂室廬人畜無算秋八月復大水有九龍鬬於海

十四年己卯秋八月大風雨早晚二禾俱損低鄉冬盡
猶收穫未竟民大饑
嘉靖元年壬午秋七月朔大風自北來拔木飛瓦二十五
日大風雨海溢壞官民居
二年癸未夏六月朔大雨秋八月大水
三年甲申春正月地震二月十五日復震
八年己丑秋七月飛蝗蔽天適颶風作驅蝗入海遺種
化蟹食稻
九年庚寅夏旱
十八年己亥春三月二十六日有白光從西北來曳尾
若練久之向西南墜聲如雷震

十九年庚子夏六月大水秋七月瀕海潮溢淹人傷稼

二十三年甲辰旱

二十四年乙巳大旱赤地米價騰貴

三十五年丙辰夏黑眚見訛言有物若狐狸夜入人家擊銅器驅之兩月餘始息

三十六年丁巳大疫

四十年辛酉秋大水饑明年壬戌復大饑

隆慶元年丁卯民大饑冬訛言詔選宮女民間男女無論長幼婚娶無虛日配多非偶張所敬有詩云馬上郎君尚乳臭魚軒新婦猶呱呱蓋紀實也

二年戊辰元旦大風揚沙白晝晦冥嗣復大水冬十月

雷電桃李華禾秀梅杏實

三年己巳秋九月八日暑如盛夏雷震九日寒如嚴冬

雷震達旦以上上志麗志

萬曆二年甲戌冬十二月丙辰大風自西北來拔木倒屋

一晝夜不息驪志

三年乙亥秋九月大水明年丙子饑

五年丁丑冬十月彗星見西方大如車輪以上上志

七年乙卯大水

十四年丙戌二月乙未晦雨黃沙冬雨木冰謂之木介諺云木生

介達官怕

十六年戊子春大旱大疫五月大水秋七月大風拔木

仆屋田禾俱盡民大饑食糠粃屑豆餅作粥繼以草根木葉死者無算時斗米銀二錢斗麥銀一錢

十七年己丑春正月雨木冰如箸大饑夏旱六月十八日雪如絮鱗皆六出秋七月月中有白小星

十九年辛卯冬十月雷電時作晦夕大震以上上志縣志

二十年壬辰冬十月丙午地震縣志

二十三年乙未春正月天鼓鳴地震

二十九年辛丑春霪雨傷麥

三十六年戊申大水麥禾被淹大饑次年己酉猶饑

三十八年庚戌春閏三月庚子夜驟雨自昏徹旦鄉城鬼嘯夏四月癸未白虹貫日以上上志縣志

四十五年丁巳冬十二月己未夜半震電

四十七年己未春正月朔五更鬼嘯自東南至西北

泰昌元年庚申秋八月丁卯日没後有白虹數丈自西北橫亘東南冬十月二十日五更震電是夜月圓如望

天啟二年壬戌春二月庚寅黃沙四塞日色黯白壬辰雨沙蔽日

五年乙丑春三月大雨雹傷麥夏四月己亥風霾

崇禎二年己巳大水饑以上縣志

六年癸酉八月一日三潮欽志

九年丙子春三月癸丑雨黃沙秋九月驟寒十二月極寒黃浦冰

清順治四年丁亥春霪雨無麥歲大祲冬十二月八日黃霧四塞以上參上志廳志按是年夏訛傳朝廷選女民間婚配甚急八月尤甚時有詩云一封丹詔未為真三杯淡酒便成親夜來明月樓頭望祗有嫦娥未嫁人見姚廷遴紀事編

六年己丑秋七月二十日將晚日中黑氣一道貫天海中亦有黑氣上接至暮沒府志

九年壬辰冬十一月十四日雷震者三上志

十年癸巳聞滿漢聯姻有女者不論貧富剋日成親姚氏紀事編

十一年甲午秋七月五日地震冬十二月三日大寒黃浦冰上志

十二年乙未夏五月望日白虹二長竟天至暮滅府志十

一月二十一日蒲水沓冰姚氏紀事編

十三年丙申秋八月訛傳選女入宮民間嫁娶殆盡九月十日地震冬十月十六日復震

十八年辛丑夏大旱秋七月二十六日潮日三至府志作十七年

康熙二年癸卯春正月十三日青天無雲忽一龍自北而南爪尾鱗甲俱現後隨一鯉長三四丈去地頗近夏秋之交大疫

三年甲辰十一月朔彗星見以上縣志

五年丙午冬十月十一四更有大星見東南衆小星隨之或上或下忽左忽右大星隕小星亦隨之隕三岡識略

六年丁未春正月二十日昏時東北有火光燄燄如焚漸滿西北登高望之見赤氣亘天逾時滅

七年戊申春正月二十七日酉刻天槍見夏五月六日至八日太白晝見六月九日太白經天二十餘日而滅上莊廳志

八年己酉九月多雨十月始收棉花價一分四釐次者八釐豆每擔五錢五分米每擔七錢姚氏紀事編

九年庚戌春正月二十一日天雨黃沙夏四月大水五月雹雨上志

十一年壬子夏五月四團海岸獲人首魚口噓如歎氣旋放入海姚氏紀事編秋七月二十日龍陣壞田禾房屋入

空中行人或隨風攝去冰雹有重二三斤者飛蝗從西北蔽天而來草根木葉立盡獨不食稻半月後悉向南去（農人歡呼羅拜目為瑞蟲）閏七月望月下有白氣紛紛如霰地屢震

十五年丙辰春元旦龍見東南黑雲靉靆逾時而滅鄉村財賤物貴（每雞鴨子一枚白金一分）冬十二月二十八日黑虹見

是冬嚴寒大雪屢降積三四尺

十六年丁巳元旦震電雨雪夏大旱疫

十七年戊午夏四月五日地震六月七日亢旱水竭秋七月四日微雪八月八日東南有聲似海嘯自戌初至亥末始息

十八年己未夏大旱秋七月二十六日一日三潮八月十日螟蝗食蘆勢如火燃禾稻無恙二日而去二麥蠶豆無收米價湧貴每石二兩四錢村有餓莩

十九年庚申春正月朔日食十五夜月赤無光夏五月大水麥大熟每畝四石至秋仍苦歲饑

二十三年甲子鄉間訛傳五路神爲祟有言以康熙錢陰有福字者佩之則吉一時福錢大貴

二十五年丙寅大風雨屋瓦皆飛以上竝上志縣志按是年物價俱賤肉每斤二十二文棗每斤十二文桃二十文糖二十文栗十五文橘十五文桂圓四分見姚氏紀事編

二十六年丁卯秋七月颶風損稼是月十日大風雨雷雹次日風雨益甚拔木仆屋壓死及覆舟死者不可勝

歉
二十七年戊辰歲饑
二十九年庚午冬十二月大雪旬有五日二十日曾家
匯有舟出浦爲冰凌所裂溺死三十七人二十八日又
雪深二尺
三十一年壬申春正月朔雨黃氣四塞 上竝上志廳志 按是年小麥每石三百文圓麥四百文蠶豆每斗二十文菜子每斗五十文見姚氏紀事編
三十二年癸酉春二月十八日天雨黃沙兩日方止夏
六月五日午刻日暈內作青色外有赤色黃色圍之至
申始滅大旱傷禾秋九月二日大風雨雹拔木仆屋冬
黃浦冰 廳志

三十四年乙亥秋九月五日黃昏東南有大星墜地有聲是歲穀每斗小錢三十文米每石小錢七百文黃紗布每疋一百二三十文豆每石五錢五分魚每斤十文

三十五年丙子春正月十九二十夜月俱團圓至二十一日寅時始虧以上姚氏紀事編

三十七年戊寅夏四月二十四日雨雹大如棗

三十九年庚辰秋七月暴風三晝夜不息禾棉盡仆

四十年辛巳至四十一年壬午連遭水旱道路多殣

四十三年甲申夏四月霪雨連旬寒如冬

四十七年戊子春正月大雨至五月止漂沒人民無算

秋大水禾棉無收米鹽盡貴米每石二兩八錢鹽每斤一錢

五十四年乙未水饑

五十七年戊戌十二月立春後雨雪旬日積三尺餘

五十九年庚子夏五月地震

六十一年壬寅春二月四日大風揚沙日闇無光二時許乃息十二二十三兩日竝一日三潮或云沙黃沾麥使斛歲宜倍收與一日三潮俱爲瑞徵

雍正三年乙巳冬十一月繁霜如雪著樹作梅花竹葉狀

四年丙午饑

十三年乙卯沿海蟛蜞嚙麥豆花稻幾盡穫之乃絕

乾隆十三年戊辰雨雹傷豆麥自春徂秋米價騰貴每石三兩五錢冬十二月八日大雷雨龍見至夜雨雪三日乃止

十四年己巳大疫

二十年乙亥大水大饑明年丙子春猶饑夏大疫

二十六年辛巳冬大寒黃浦冰

二十七年壬午夏亢旱秋七月大水以上參上志廳志

二十八年癸未冬十月十一日雨雹自四團至八團尤甚胡志

二十九年甲申秋大風拔木

三十一年丙戌秋大風潮壞廬舍冬奇寒河水盡凍

三十九年甲午秋風潮以上參上志廳志

四十年乙未甘露降廳志

四十一年丙申五月有長鯨死海濱鄉人解其脊每節

如雉可春糧其乙利如刃是年塘外蘆地生蝻不數日
皆抱草死胡志
四十九年甲辰夏霪雨秋大疫
五十年乙巳夏大旱花米價騰貴米每石四千文花每斤八十文
五十一年丙午春多陰雨米價更貴斗米五百文秋九月十
日雷雹大雨雹
五十六年辛亥歲祲花每斤至一百十文
五十七年壬子冬暖十二月二十七日雷鳴上參上志縣志
嘉慶三年戊午正月五日極寒廚竈皆冰是年旱府續志
七年壬戌秋七圖有虎
九年甲子春久雨田成巨浸不能插秧歲大祲上竝徐鎮府志

餘議

十年乙丑秋大雨海溢府續志

十四年己巳冬大寒黃浦冰

道光四年甲申春棉花騰貴每斤一百四十文子尤貴每斤五十文

六年丙戌秋水

十一年辛卯七月颶風潮溢

十四年甲午秋水

十八年戊戌冬十二月除日驟暖夕大雷電以雨

十九年己亥元旦雷三日大雪冰凍經旬不消

二十年庚子秋七月民間雞兩翼俱剪去長羽數莖訛傳有割小兒腎者遂皆裹大紅肚兜以上參上志縣志

二十一年辛丑夏每夜星隕如雨八月十六日三鼓後大星隕西北聲如雷參縣志南沙雜志

二十二年壬寅夏六月十三日地震

二十三年癸卯秋有白光自西南亘東北長二丈餘形如匹練以上南沙雜志

二十四年甲辰秋七月晦日夜有聲如鬼冬十月二十夜雹微雷二十三日戌刻地震

二十五年乙巳夏五月大雨雹六月地震

二十七年丁未夏六月二十八日大風潮溢

二十八年戊申春三月朔晨無雲而雷夏六月二十三日晨大雷雨忽吹西北風見雪入秋多風雨棉花九月

始開十六日驟寒見冰歲饑
咸豐元年辛亥春正月十七夜子刻地震三月大雪夏六
月霪雨見雪
二年壬子夏五月地生白毛冬十一月地震
三年癸丑秋七月二十四日颶風大作拔木仆屋兩日
始止是歲五月彗星見西北兩月餘始隱
四年甲寅春三月二十八晩有大星如斗自東北至西
南光如匹練秋七月辰刻地震冬十二月屢震
五年乙卯春正月地震秋大疫冬十月七日熱如夏六
雷雨是月桃花盛開鄉間出買黃瓜萵苣筍十二日地
震

八年戊午春有蝗秋八九月彗星見冬十二月有星大如碗有紅芒以上參縣志南沙雜志

九年己未夏六月四日夜雪甚寒八月二十一二十二日大雷雨二十四日夜有濃霜

十年庚申春正月陰雨連旬二月五日復然三月十三日大雪始霽閏三月初旬天雨血三日立夏寒如冬夏五月十四夜大星隕六月十四日無雲而雷

十一年辛酉夏六月下旬彗星見光芒數丈

同治元年壬戌夏五月大疫秋七月三日夜天忽開朗如晝頃刻即暝八月雨雹柴米大貴米每石十三千文柴每百斤七百文閏八月二十三日午後日無光漸赤如血

三年甲子秋雞雛多生二爪至四五爪不等訛傳有毒能殺人雞價頓賤（每斤二十文見勸懲書舍零墨按上志順治甲申雞翼生爪高飛而去）

四年乙丑秋七月大星隕光如月八月隕星如雨冬十二月十三日晨大霧十四日夜聞雷聲

五年丙寅秋八月八日海嘯二三時始息九月十五日黎明地震冬十二月七日子刻地震

十二年癸酉春正月二十六日黎明東方現赤光天陰竟日

十三年甲戌夏五月二十二日彗星見紫微垣後其尾向上十餘日始滅冬十一月朔日中有黑子（天文家以爲金星過日）

以上舊志

附祥異考證

明永樂三年六月高原積水丈餘府志高原水數尺窪下丈餘成化八年明史作十年宏治十四年冬十月明史作十一月嘉靖三十年辛亥府續志云郭志作三十年壬子誤脫一字華亭舊志亦作三十一年改作辛亥者誤二年戊辰冬十月雷電按二年上脫隆慶二字崇禎十三年姚廷遴紀事編白米價貴每石二兩八錢清順治三年五月白米每石二兩至六七月每石四兩据紀事編七年紀事編五六月多雨平地水深二尺經月不退康熙六十一年冬寒聽志据邁軒集光緒志注欽志誤

【民國】川沙縣志

方鴻鎧、陸炳麟修　黄炎培纂

民國二十六年（1937）上海國光書局鉛印本

川沙縣志卷一

大事年表

【概述】自明嘉靖三十六年川沙築城，下迄民國紀元十五年，凡三百七十年，綴以國內外大事而成本表。其間清順治三年始專設武官，雍正七年始設縣官，乾隆二十四年始設海防清軍同知，嘉慶十年始劃區域、十五年始設撫民同知，道光十四年始建觀瀾書院、立文教機關，同治十年邑人始被派出洋留學，光緒二十七年始辦養正小學、立新教育機關，其後新政繁興，緜續迄於今日。而中經變故，若咸豐三年劉麗川之役、十一年洪楊之役，皆受直接影響。道光二十二年英人陷上海，光緒二十年日本開釁，民國三年青島德日之戰，十三年齊盧之閧，十四五年孫傳芳軍之異動，皆受間接影響。而民衆暴動，則有光緒十七年因同知倪人涵家丁激變罷市，十八年因倪人涵濫用酷刑罷市，宣統三年因反對自治拆燬公私建築物。更參看國內外大事，因明世宗失政而有倭寇之猖獗，因道光鴉片之戰、咸豐京津之禍，外患洊至而有講求洋務，派遣出洋學生之舉，因甲午之慘敗而有清末新政之興，因歐洲大戰之開始與終止、而有地方手工業之繁榮與衰落，凡諸因果，可考而知也。

川沙大事年表

年	川沙大事	國內外大事參考
明嘉靖三十六年丁巳（公曆一五五七）	巡撫趙忻、巡按尚維持，兵備熊桴從里人喬鏜、王渾之請，就南直隸松江府金山衛中後所築川沙堡城，以備倭，移南匯把總駐焉（道光川沙撫民廳志卷一疆域志、卷二建置志、卷六武備志）。城內設守堡千戶公署，百戶所，軍器庫，把總司署，撫按	是時世宗方寵用嚴嵩、世蕃父子，前年殺楊繼盛，等本年又殺沈鍊，沿海各省以及沿江蘇明太平遭王號兩省

行臺，演武場，城隍廟，社學，南蹌，三林二巡檢司，又置附堡營田。城周四里，高二丈八尺，址闊三丈有奇，門四，雉堞三百七十二垛，砲臺十二座，弔橋四，濠闊一十二丈，深一丈五尺。（同上卷二建置志）

川沙當洋山馬蹟之衝，前明洪窪深闊，直達護塘，為倭寇出入潛蹤之所。（同上卷一疆域志）

尙維持丁巳來按部時，倭寇初遁去，崇處復至。公乘車單行海上，選三千人分布要害，詢賊所巢窟，曰柘林，其窪而積水深，為賊舟易泊者，曰川沙。興版築城之，選兵儲粟，招集流移。（張鼐吳淞甲乙倭變志卷下）

先是嘉靖三十一年，倭入寇，犯嘉定，破南匯所，北

被倭蹂躪，北方沿長城各地被韃靼部落俺答頻年入犯，擾於京命

歐洲英法德西班牙互相混戰

掠川沙，爲川沙被賊之始。三十三年，賊屯川沙窪，參將盧鏜與戰，中伏敗。三十四年，川沙窪賊攻南匯，國子生喬鏜追及於六團灣，敗之。柘林賊七百餘來合，鏜邀擊於潘家橋，殲焉。嗣賊又至。三十五年，督師趙文華集水陸官兵二十萬，軍聲大振。初，賊陳東、徐海據柘林，葉麻據周浦，相犄角。浙撫胡宗憲遣使說徐海，令縛陳東、葉麻以獻。八月定計誘殺之，餘賊盡。（道光志·卷六兵志及新志·兵政倭寇卷二）

川沙者，故上海屯堡也。倭舶揚帆來，必由此登陸。喬鏜首議築城扼其衝，幕府檄鏜爲植。鏜益感慨奮厲，不避嫌怨，既捐金若干斤，又躬負土石，爲役夫先循召里中父老子弟期日畢受版築，諸當受版築者或與鏜故等夷，意不能相下，稍稍目譏之，而鏜自以身任督部，一切無所假貸，川沙卒輒成城，城成而倭舶東西行海中者，不敢復措意。(同上卷三建置志明陳所蘊撰喬行狀記)

喬鏜故素封，而又有勞兵間，性不善下人，見巡行御史，或應對失恭謹，諸將思中之，御史怒，杖之庭下，竟憤死，至今土人言之爲流涕。(吳淞甲乙倭變志卷下)

隆慶三年己巳(一五六九)	六月朔，海溢，人畜漂沒無數，禾稼盡死。(道光志卷十二雜志)
	俺[illegible][illegible]入寇[illegible][illegible]，[illegible][illegible]兵[illegible]州，江[illegible][illegible]山泉湧，江[illegible][illegible]大水，[illegible]疏浚[illegible]

萬曆三年乙亥（一五七五）	夏大風，海水決捍海塘，民死者幾及萬。上海縣知縣楊臚山督修塘工，數月成。（同上卷五水利志） 捍海塘築於唐開元，起杭州鹽官抵吳淞江，歲久傾圮。明成化七年秋大風，海溢，松江府知府白行中，上海縣知縣王密之督工築塘，兩月塘成。上海自華亭抵嘉定長一萬七千四百有八丈。嘉靖二十二年喬鏜捐資倡修，兩月訖工，凡九十里。（同上）	蘇松各處及浙皖均大水河決
同十二年甲申（一五八四）	築外捍海塘，長九千二百五十丈五尺。（同上）	張居正專制其言路其家同時用兵緬甸

同二十一年癸巳（一五九三）	壅雨，城門圮。王潭孫中書舍人乾昌捐葺之。（同上卷二建置志）	趙兵李如松退後，以朝鮮請援，督久不視師，於三十年世退歸，下以[illegible]大成事[illegible]，皆[illegible]斥
清順治二年乙酉（一六四五）	拜空教孔思聚數千人，犯川沙城。提督李成棟統兵來剿，賊遁。（同上卷六武備志）是役，平民遭兵殺戮，婦女被掠，潛匿舟中，及下令搜索，皆驅溺浦中，尸浮滿浦。（同上）	清兵陷南京，福王被執，下令薙髮
同三年丙戌（一六四六）	改川沙堡爲營，設守備千總等官，嗣添設參將。（同上卷一疆域志卷六武備志卷七官司志）是年改南直隸爲江南省，屬江蘇布政使司。（同上卷一疆域志）	

雍正二年甲辰（一七二四）	兩江總督查弼納，奏准割上海縣長人鄉，置南匯縣。（嘉慶松江府志卷一疆域志）	[illegible]
同六年戊申（一七二八）	南匯縣知縣欽璉，以捍海塘殘損，詳請修築，不報。（道光志卷五水利志南匯縣詳復修塘文略及欽璉重築捍海塘紀事詩）	[illegible]
同七年己酉（一七二九）	復設浙江鹽運司下砂二場鹽課大使兼三場，自四團倉鎮，移駐川沙城。（同上卷七官司志）	始設草蕩[illegible]以內 隔大[illegible]任
同十年壬子（一七三二）	秋，大風潮災，調欽璉復南匯縣任。承辦海塘工程。（同上卷五水利志）	
同十一年癸丑（一七三三）	南匯縣知縣欽璉築海塘，正月開工，七月工成。（同上）	

乾隆三年戊午(一七三八)	二三場大使李昌樟，南匯縣知縣韓墉，以邑人蔡鳴謙等請，詳准起築自五團至九團圩塘。(同上卷五水利志)	張廣泗平苗
同七年壬戌(一七四二)	田京山、崔涥、張芝鵬等，建義學於川沙北門外。(同上卷二學校志)	
同十四年己巳(一七四九)	南匯縣知縣胡具體，詳准發帑修捍海塘，留公地塘西二十丈，塘東三丈，備起土修塘用。(同上卷五水利志)	金川平
同十七年壬申(一七五二)	始建社倉於小灣鎮。(光緒川沙廳志卷四民賦志)	
同二十二年丁丑(一七五七)	張介封等建綠筊庵義學。(道光志卷二建置志)	英法爭印度商權有年，至是英將克來武破印度兵，占領加爾各答

同二十四年 己卯（一七五九）	改松江董漕同知爲海防清軍同知，移駐川沙城，專管上南海塘。其管塘縣丞聽同知督率調度。（同上卷一疆域志卷五水利志）	回部平 英法爭美洲英占加拿大
同二十七年 壬午（一七六二）	顧紹愷，蔡恒齋等修築凌家洪口圩塘。（同上卷五水利志）	伊犂始設將軍
同二十八年 癸未（一七六三）	張之淮等捐建八團安仁義學。（同上卷二建置志）	
同二十九年 甲申（一七六四）	海防同知楊長林詳准購入城東隅民地，建造公廨。（同上卷二建置志）有乾隆三十年楊長林撰書建公廨記，	瓦特始創成蒸汽機
同三十七年 壬辰（一七七二）	南匯縣知縣成汝舟捐俸修川沙城。（同上卷二建置志）有乾隆三十九年成汝舟撰書修川沙城記。	征金川

同五十三年戊申（一七八八）	蔡維標等，修築圩塘及楊家洪壩。（同上卷五水利志）	孫士毅征安南
同五十六年辛亥（一七九一）	蔡維城，楊紹昌等，修築楊家洪口圩塘。（同上卷五水利志）	英人來通商
嘉慶八年癸亥（一八〇三）	二三場各科書捐資價購西門內六安橋東民屋，改建場署。（同上卷二建置志）	封阮福映爲越南王
同十年乙丑（一八〇五）	兩江總督陳大文奏准割上海縣高昌鄉之十五圖，南匯縣長人下鄉之十圖屬川沙同知管轄，改爲川沙撫民同知。（嘉慶戊寅松江府志卷一疆域志）	俄德與法戰，英將納爾遜敗法艦隊
同十一年丙寅（一八〇六）	建社倉於小灣。（道光志卷二建置志）	
同十四年己巳（一八〇九）	黃銘書，曹河等，捐資建清暉閣於高行，設同善堂，爲施棺埋葬公局。（同上卷三建置志）	大破海盜閩浙兩洋平

同十五年庚午（一八一〇）	松江府知府唐仲冕兼署川沙撫民同知。旋以黃炳署。旋又令周垣受任。（同上卷七官司志） 詳定從上海南匯兩縣分管田蕩共一千零六十二頃九畝零，准熟田共一千零四十八頃六十三畝零，並各詳定科則。（同上卷四田賦志） 編定戶口，就上海南匯兩縣原編，計共二萬八千零六十五戶，九萬九千九百六十四口。（同上卷四田賦志） 折變松江府照磨署並由川沙上海南匯各廳縣官捐，俾改建川沙司獄署。（同上卷二建置志） 就城東北隅望倉橋西建漕倉。（同上卷二建置志） 就城內守備署東，建養濟院。（同上卷三建置志） 同知周垣，浚三寶港。（同上卷五水利志）

同十六年辛未（一八一一）	修海塘。（同上卷五水利志）	禁西教
同十八年癸酉（一八一三）	鄭人康署同知，旋周垣復任。（同上卷七官司志）	天理教徒林清犯宮智親王御之
同十九年甲戌（一八一四）	雷汝恒署同知，旋林溥授任。（同上卷七官司志） 夏秋旱，林溥詳准豁免一部分地漕。（同上卷四田賦志）	總兵楊芳平陝西賊
同二十二年丁丑（一八一七）	劉文徵署同知。（同上卷七官司志） 八月颶潮損海塘，劉文徵飭修之。（同上卷五水利志） 浚都臺浦。（同上卷五水利志）	英始以汽機印書
同二十三年戊寅（一八一八）	李鴻瑞署同知。（同上卷七官司志）	英人始用雷管於火戰
同二十四年己卯（一八一九）	蘸鍾蘭署同知。（同上卷七官司志）	丹麥人台貝，發電氣

同二十五年庚辰（一八二〇）	王槃署同知。（同上卷七官司志） 與南匯協浚運糧河，鹽船港，及北鹹塘。（同上卷五水利志） 秋大疫。（光緒志卷十四雜記）	
道光元年辛巳（一八二一）	于會堂授同知，（道光志卷七官司志） 編查戶口，計一十一萬三千二百七十四丁口。內男六萬一千一十四，女五萬二千二百六十。（同上卷四田賦志） 夏大疫。（光緒志卷十四雜記）	兩廣總督阮元奏禁鴉片 余鈺會卒
同二年壬午（一八二二）	程士偉署同知。旋以范博文署。（道光志卷七官司志） 秋旱，程士偉詳請緩徵地漕。（同上卷四田賦志） 依薛希曾等請，浚盧九郎溝。又依葉鼎等請，浚趙家溝，及運鹽河。（同上卷五水利志）	巴西建國

同三年癸未（一八二三）	再以程士偉署同知。旋又以熊傳栗署。（同上卷七官司志） 羅南饑，熊傳栗詳准分別緩徵收地漕。（同上卷四田賦志）	墨西哥建國
同四年甲申（一八二四）	以徐綱署同知。旋劉圭授任。（同上卷七官司志） 劉圭督修八團北一二三四甲外圩塘。（同上卷五水利志）	英割緬甸地
同五年乙酉（一八二五）	以葉朓仁署同知。旋劉圭復任。旋以孫宗渭署。旋又以王臺署。旋又以李景嶧署。（同上卷七官司志） 依南匯縣申請，協浚蠔船港及北鹹塘。（同上卷五水利志）	同匯張祥河作風
同六年丙戌（一八二六）	以顧文光署同知。旋又以鄭其忠署。（同上卷七官司志） 秋水災，鄭其忠詳准遞緩帶徵地漕。（同上卷四田賦志）	楊遇春楊芳討張格爾

同八年戊子（一八六八）	以陳玉成署同知。旋以顧業署。繼陳玉成復任。旋以濟平署。繼鄭其忠復任。旋又以閻庭桂署。（同上卷七官司志）	回亂平受俘
同九年己丑（一八六九）	鄭其忠復任同知。（同上卷七官司志） 依上海趙櫰等請，浚趙家溝，及東西運鹽河。又依寶山沈希轍請，浚川上寶三縣毗連之界浜。（同上卷五水利志）	捻平入覲
同十一年辛卯（一八七一）	依曹尙楷等請，浚盧九郎溝。（同上卷五水利志） 秋水災，鄭其忠詳准遞緩帶徵地漕。（同上卷四田賦志） 自八團四甲至九團三甲海塘，被水衝損，鄭其忠會同二三場大使王鶴年，捐貲修葺之。（同上卷五水利志）	許捻平通商
同十二年壬辰（一八七二）	何士祁授任同知。（同上卷七官司志）	永州設紀湖廣總督直坤平之

同十三年癸巳（一八三三）	秋水災，何士祁詳准遞緩帶徵地漕。（同上卷四田賦志）	廣州水災，漂民居萬餘
同十四年甲午（一八三四）	熊傳栗復署同知。（同上卷七官司志） 何士祁就城東南隅文昌宮右，捐俸建觀瀾書院。（同上卷二建置志） 有何士祁撰新建觀瀾書院記，及第二記。 何士祁就文昌宮後，建節孝祠。（同上卷二建置志） 有何士祁撰新建節孝祠記。 何士祁就城西門內仰德祠右，建同善堂。（同上卷二建置志） 有何士祁撰新建同善堂記。 秋水災，熊傳栗詳准遞緩帶徵地漕。（同上卷四田賦志）	

同十五年乙未（一八三五）	同知何士祁復任。（同上卷七官司志） 編查戶口，計一十一萬四千五百九十五丁口。內男六萬二千二百一十一，女五萬二千三百八十四。（同上卷四田賦志） 夏旱，河涸。六月颶潮，衝毀第十三段塘。依曹汝德等請，援築，過水濟農，旋由汝德等修復之，賴以有秋。（同上卷五水利志） 皇太后壽，詔免道光十年前積欠地漕。（同上卷四田賦志） 何士祁詳准浚南匯縣境長浜，白蓮涇，呂家浜，小㕓涇。（同上卷五水利志） 有何士祁開浚白蓮涇諸河碑記。

同十六年丙申（一八三六）	何士祁就仰德祠，捐俸建義學。（同上卷二建置志） 就城北門外種德寺，設卹孩局。（同上卷二建置志） 就城北門外漕倉西北，建義倉。（同上卷二建置志） 何士祁纂川沙撫民廳志，成。 浚都臺浦。（光緒志卷三水道志）	法內閣改組馬拿瓊會於美
同十八年戊戌（一八三八）	楊承湛署同知。旋溫綸湛授任。（同上卷七職官志）	林則徐為欽差大臣查辦廣東海口禁烟事務
同二十二年壬寅（一八四二）	孫逵堯授任同知。旋徐家槐代理。旋以宋慶長署理。繼溫綸湛復任。（同上卷七職官志） 四月，英兵陷乍浦。五月朔，艦攻吳淞口。八日，提督陳化成死之。十一日，上海陷。川沙城遷徙一空。土匪蜂起	英迫我訂江寧條約

	搶掠。十二日，壞官署，焚案卷。十四日，千總景又春率兵民捕之，獲范亭華等十三人，楊村庸等五人，置諸法。亭平，川人爲建報德堂以紀之。（同上卷六兵防志卷八名宦志）	
同二十三年 癸卯（一八四三）	高行鎮曹纕等捐資，浚盧九郎浜。（同上卷三水道志）	
同二十四年 甲辰（一八四四）	陸繼祖署同知。旋温紹湛復任。（同上卷七職官志）	
同二十五年 乙巳（一八四五）	免道光二十年前民欠地丁錢糧。（同上卷四民賦志）	同里起調林則徐督陝甘
同二十六年 丙午（一八四六）	藍蔚雯代理同知。旋陳延恩授任。（同上卷七職官志）	

同二十八年戊申（一八四八）	陳元齡代理同知。旋陳延恩復任。旋何士祁復任。（同上卷七職官志） 風雨，歲饑。（同上卷十四雜記）	法又改共和路易拿破侖爲大統領
同二十九年己酉（一八四九）	夏大水，秋冬大疫，民大饑。何士祁捐俸買糧，設局平糶，並勸振。（同上卷十四雜記） 邑人祝椿年，以第一名中式江南鄉試舉人。（同上卷九選舉志卷十人物志）	
同三十年庚戌（一八五〇）	賓塾署同知。（同上卷七職官志）	洪秀全起兵廣西以蓄髮爲號
咸豐元年辛亥（一八五一）	何士祁復任同知。旋復以賓塾署。（同上卷七職官志） 免道光三十年前民欠地丁錢糧。（同上卷四民賦志） 會同南匯縣浚呂家浜，長浜。（同上卷三水道志）	

同二年壬子（一八五二）	浚都臺浦。並浚界浜南段。（同上卷三水道志）	法大統領即帝位
同三年癸丑（一八五三）	八月，劉麗川等作亂，紅巾爲號。五日，陷上海。九日，其黨陷南匯。十日，陷川沙。城中居民遷四鄉。二十四日，南匯何履全起義兵擊賊，復縣城。次日，川沙賊聞之，潛遁。兵民乘勢追擊，殪匪數百。二十六日，同知寶塾入城，辦善後。（同上卷六兵防志）	洪秀全據金陵稱太平天國 英又割緬甸地
同四年甲寅（一八五四）	倪寶璜署同知。（同上卷七職官志）	曾國藩敉復岳州武昌 英法普魯士合破俄軍於克里米亞
同五年乙卯（一八五五）	向柏齡署同知。旋以金安瀾署。（同上卷七職官志） 秋，大疫。（同上卷十四雜記）	郡王僧格林沁平河北

	免咸豐三四年丁漕雜稅。並免本年三成。餘緩至六年帶徵。(同上卷四民賦志)	
同六年丙辰(一八五六)	朱鈞署同知。(同上卷七職官志) 蠲免地漕各項三成，緩徵二成，並免咸豐五年以前民欠。(同上卷四民賦志)	[illegible]楊秀清被殺
同七年丁巳(一八五七)	薛汝佶署同知。(同上卷七職官志) 蠲免咸豐元年至六年民欠地漕。本年地丁免一成，緩二成。(同上卷四民賦志)	廣東吏民燒英館，英人陷省城
同八年戊午(一八五八)	張應濟授任同知。(同上卷七職官志) 八團外發見新漲沙洲，詳報備案。(同上卷四民賦志) 蠲免地丁一成。(同上卷四民賦志)	與英法訂天津和約

同九年己未（一八五九）	朱芾等捐款浚都臺浦，趙家溝。（同上卷三水道志） 蠲免地丁一成。（同上卷四民賦志）	僧格林沁敗英法兵於大沽
同十一年辛酉（一八六一）	十二月十九日，洪楊陷川沙，焚掠各鄉，居民死無算。（同上卷六兵防志） 先是咸豐十年三月，洪楊大股自金陵竄蘇常。陷崐山，太倉，嘉定，青浦等縣。犯松江。五月十三日，松江陷。中西兵攻克之。六月二十六日，復陷松江。七月三日，薄上海城。越三日，圍解。是年八月五日，復自浙江竄陷金山，旋退。十二月十三日，由海塘竄奉賢。十七日撲蕭塘，流刼青村，莊行。十八日，陷南匯。是日分兩路，一由大護塘，一由	上年英法兵破天津入北京帝走熱河 美爲解放黑奴事南北交戰

欽塘來，遂陷川沙。

二十七日，大雪三晝夜，苦寒路絕，民斷爨，凍餓死者無算。（同上卷十四雜記）

同治元年壬戌（一八六二）

五月五日，川沙收復。（同上卷六兵防志）

先是正月二十三日，官軍復高橋。匪竄蔡家路一帶大掠。二月二十七日，北竄孫家溝。朱其昂孝父茀命，督勇擊退。三十日又會西兵鏖戰。至二月六日止，共七晝夜，擒斬無算。二十一日，顧蔡各路口復被擄，以民房為營柵。三月二十三日，聞官軍將進攻，燒民房，夜遁。李鴻章兵既至，五月，松滬解嚴。二十一日，攻南匯。潘鼎新入城受

始設總理各國事務衙門

北京設同文館

降。時汪有爲踞川沙，聞南匯降，知大兵必至，謀棄城遁。適同知張應濤參將李延舉帶團兵進勦，遂縱火焚城內民房幾盡，乘夜遁。是日，遂復川沙。全城彌望皆瓦礫場，惟西南隅幸存耳。（同上卷六兵防志及補遺）

夏，大疫。（同上卷十四雜記）

免咸豐七年至九年民欠地丁錢糧，及十一年以後民欠地漕及各項雜稅。（同上卷四民賦志）

同二年癸亥（一八六三）

春，大疫。（同上卷十四雜記）

免同治元年地漕，及各項雜稅，並免本年地漕等款之半。（同上卷四民賦志）

左宗棠定浙江
上海設廣方言館
廣東設同文館
美總統林肯布釋奴令

	重建義學。(同上卷二建置志) 張應濟會同上海縣浚盧九郎溝。(同上卷三水道志)	
同三年甲子 (一八六四)	何光綸署同知。(同上卷七職官志) 免地丁錢糧二成，按分錨減竈課，蘆課，學租，官租，及漕項雜稅等。(同上卷四民賦志)	清兵攻克金陵，太平天國亡
同四年乙丑 (一八六五)	重建義倉。(同上卷二建置志) 有何光綸重建義倉記。 浚東西運鹽河，及楊家溝。(同上卷三水道志) 始定漕糧滯納年外加價。(本志財賦志) 奉准減定賦額，並免本年地漕之二成。(光緒志卷四民賦志)	捻匪擾北方，僧格林沁戰殁 林肯被刺死

同五年丙寅 (一八六六)	張應濟復任同知。(同上卷七職官志) 何光綸重建養濟院。(同上卷二建置志) 何光綸重建節孝祠，增祀忠義。(同上卷五祠祀志)	回人陷伊犁 福州設船政局
同六年丁卯 (一八六七)	傅琳森代理同知，旋張應濟復任。(同上卷七職官志)	東捻平
同七年戊辰 (一八六八)	沈壬昌代理同知，旋以汪祖綬署。(同上卷七職官志) 汪祖綬捐俸，就仰德祠建義學，旋移設泥街。(同上卷二建置志) 浚長浜，三竈港，四竈港，鹹塘浜，孫家溝。(同上卷三水道志)	西捻平 日本明治天皇即位
同八年己巳 (一八六九)	顏榮階署同知，旋又以黃際清署。(同上卷七職官志) 建九團義學。(同上卷二建置志)	日本遷都於東京 蘇彝士運河始通航

同九年庚午（一八七〇）	兩江總督曾國藩，奏准改川沙營爲外海水師營，移駐吳淞口。所遺陸汛，以柘林營都司接管。（同上卷六兵防志 卷七職官志） 朱秉衡署同知。（同上卷七職官志）	天津發生教案 曾[illegible]交[illegible]地 以和
同十年辛未（一八七一）	邑人曹吉福，被派赴美留學，是爲第一批赴美留學生。亦即邑人出洋留學之第一人。（本志選舉志）	俄人占伊犂
同十一年壬申（一八七二）	陳方瀛授任同知。（光緒志卷七職官志） 協浚上海縣吳淞江，既竣，陳方瀛會同南匯縣知縣羅嘉杰詳准以後永不與役。（同上卷三水道志）	輪船招商局成立 [illegible] 曾國藩卒
同十二年癸酉（一八七三）	蔣一桂代理同知。旋陳方瀛復任。（同上卷七職官志）	雲南回亂平

同十三年甲戌（一八七四）	陳方瀛捐俸，就廳署西民房，設接嬰處。（同上卷二建置志）	法迫越南與之訂約
光緒元年乙亥（一八七五）	秋，雨災。（同上卷十四雜記）	法更定共和憲法
同二年丙子（一八七六）	會同南匯浚白蓮涇，長浜，呂家浜，小腰涇等。（同上卷三水道志） 就節孝祠，祀陣亡團丁，及士民婦女之被難者。（同上卷五祠祀志）	中英訂烟台條約，開宜昌等處商埠 上海始設會審公廨
同三年丁丑（一八七七）	浚八團欽塘外白龍港。（同上卷三水道志）	始派使臣領事於各國
同五年己卯（一八七九）	修川沙廳志成。 浚鹹塘浜。（本志工程志） 浚西運鹽河。（同上工程志）	日本吞併琉球 天津創辦電報學堂 天津大沽間始試用電報

同六年庚辰（一八八〇）	浚東運鹽河。（同上工程志） 浚趙家溝。（同上工程志） 十一月初七夜，城中大火。（同上故實志）	天津始創北洋水師學堂
同七年辛巳（一八八一）	清丈横沙。（同上輿地志並光緒志卷四民賦志） 七月，陳方瀛卒於任，潘光芬署。（同上職官志） 築新塘，自八團一甲至九團老洪窪，並白龍港老洪窪暢塘，費由烏程陳煦元捐募。（同上工程志） 秋災，減徵忙銀。（同上財賦志） 二三場大使左昭譯捐俸並募款，添建場署堂屋。（同上工程志）	伊犁條約成 上海租界始設電話

同八年壬午（一八八二）	張祥符署同知。（同上職官志） 始帶徵昭文，太倉鎮洋，華亭，寶山，及吳淞，太湖修塘費。（同上財賦志） 秋，歉。減徵漕糧。（同上財賦志） 辦掩埋。（同上衛生志）	法與越南構兵 朝鮮內亂派兵赴援大院君李昰應保定安置
同九年癸未（一八八三）	三月，羅嘉杰署同知。（同上職官志） 秋，歉。減徵漕糧。（同上財賦志） 開倉發振。（同上荒政志）	法與越南立約
同十年甲申（一八八四）	浚城內市河。（同上工程志） 免光緒五年以前民欠錢漕。（同上財賦志）	法與我開戰

同十一年乙酉（一八八五）	七月，黄承乙署同知。（同上職官志） 秋，風潮災。修築自暢塘至老洪窪閘圩塘。（同上工程志）	與法議和訂越南新約 創水師設船廠 英滅緬甸
同十二年丙戌（一八八六）	九月，朱秉鈞署同知。（同上職官志） 始帶徵太倉鎮洋，寶山修塘費。（同上財賦志） 秋，歉。減徵錢漕蠲緩。（同上財賦志） 大疫。（同上故實志）	與俄勘訂圖們江界址 與英訂緬甸條約
同十三年丁亥（一八八七）	四月，倪人涵授任同知。（同上職官志） 會同上海縣，浚盧九郎港。（同上工程志）	鄭州黄河決口
同十四年戊子（一八八八）	水作，鋸木，石工，雕花，桶作，板箱，小木，鉛皮八業公所，附設於種德寺，訂立行規，稟官出示。（同上工程志）	英與西藏開釁藏兵退 永定河決口

	橫沙由佃戶姚文枬，費學曾等捐歸南菁書院公有。學使王先謙報部升科。（同上財賦志）	始築盧溝橋至漢口鐵路 江浙兩省水災
同十五年己丑（一八八九）	修義倉。（同上工程志） 秋，霪雨災。（同上祥異志） 減徵丁漕。（同上財賦志） 辦平糶。（同上慈善志） 免光緒九年前民欠錢糧。又免十三年以前民欠錢糧。（同上財賦志） 高昌鄉設育嬰處。（同上慈善志）	
同十六年庚寅（一八九〇）	會同上海，寶山兩縣，浚川上寶界浜。（同上工程志） 會同上海縣，浚都臺浦。（同上工程志）	永定河決口 漢陽鐵廠兵工廠成立

同十七年辛卯（一八九一）	修義倉。（同上工程志）浚城內市河。（同上工程志）秋，水災。減徵漕糧蠲課。（同上財賦志）倪人涵家丁購物，強使小錢，激怒民衆，罷市。（同上故實志）	文北洋海軍 查拿哥老會匪
同十八年壬辰（一八九二）	司獄王倪捐俸，修司獄署。（同上工程志）倪人涵以總胥葉欣之催科不力，施酷刑，激怒民衆，罷市。搗毀公生明坊。（同上故實志）九月，倪人涵卒於任。以夏輔咸代。十月，以郭廷沛署。（同上職官志）	山東水災
同十九年癸巳（一八九三）	秋，自八團北四甲至九團二甲圩塘，移進另築。（同上工程志）	湖北設自強學堂 開海禁

	浚西運鹽河。（同上工程志） 准南匯縣移請協浚長浜，呂家浜。（同上工程志） 十月，陳家熊授任同知。（同上職官志）	
同二十年甲午（一八九四）	因日本開釁，調駐浦練兵信字營駐白龍港。（同上兵防志） 因中日戰事，勸募紳富捐。（同上財賦志）	朝鮮東學黨作亂 日本與我開戰 海陸均敗
同二十一年乙未（一八九五）	建至元堂。（同上惠養志） 勸購昭信股票。（同上財賦志） 續修八團北三甲圩塘。（同上工程志）	與日本訂馬關條 約賠款外割臺 灣遼東 康有爲設強學會 於北京設分會 於上海 天津設頭二等學 堂 俄德法合逼日本 退還遼東於我
同二十二年丙申（一八九六）	五月，上海海防廳同知劉元楷代同知。（同上職官志）	俄占旅順法占廣 州灣 強學會改辦時務 報

年份	大事	附記
	八月，陳家熊復同知任。（同上職官志） 橫沙抗租暴動。（同上故實志）	李端棻請京師設大學，各省府州縣設學堂，始各省遵辦 始設郵政
同二十三年 丁酉（1897）	築八團北一甲至北三甲新塘。（同上工程志）	德占膠州 康有爲上書請變法 湖南始辦時務學堂
同二十四年 戊戌（1898）	修築白龍港南岸圩塘。（同上工程志） 辦平糶。（同上慈善志）	清廷政變，康有爲出走，譚嗣同等被殺 設昭信股票
同二十五年 己亥（1899）	秋，徵緩徵漕糧及竈課之一部分。（同上財賦志） 辦團練，城鎮設局十所。（同上警務志）	始派學生赴日本學陸軍 英與南非洲戰爭起
同二十六年 庚子（1900）	艾承禧，吳大本，就長人鄉捐建養正小學校。（同上工程志） 沈毓慶就本城設毛巾工廠，是爲川沙女子新工業之	義和團舉事，八國聯軍入京，太后挾帝出走，張之洞、劉坤一與各國領事訂東南保護約款

	始。（同上實業志） 移築八團南五甲至九團三甲海塘。（同上工程志） 秋，歉。減徵錢漕鹽課。（同上財賦志）	唐才常設自立會，事洩被戮 黃興宋教仁謀在長沙舉事，事洩走日本 陝西河南大旱 澳洲聯邦成
同二十七年 辛丑（一九〇一）	私立養正小學開辦，是爲川沙有小學校之始。（同上教育志）	與各國訂和約，賠款四百五十兆兩 清廷諭各省府州縣改設大中小學
同二十八年 壬寅（一九〇二）	蘇撫院派飛划營船，駐境巡緝。（同上兵防志） 裁撤管理徵收屯糧之金山幫，將華亭，金山，奉賢，南匯，上海，川沙六邑屯田，歸同知兼理。（同上財賦志） 始在鹽課項下，帶徵賠款。（同上財賦志） 始抽房捐。（同上財賦志） 抽收膏捐，抵賠款。（同上財賦志）	鄉會試始廢八股，改策論 欽定學堂章程頒布 英[illegible]

同二十九年癸卯（一九〇三）	改觀瀾書院爲川沙小學堂，是爲川沙有公立小學之始。（同上教育志） 六月，南匯縣興黨獄。（同上故實志） 移築八九團間海塘。（同上工程志）	俄占奉天 奏定學堂章程頒布 設商部 章炳麟鄒容被捕下獄蘇報館被封
同三十年甲辰（一九〇四）	大風雨，麥歉收。（同上故實志） 准上海縣移，協浚都臺浦。（同上工程志） 十月，左念慈署同知。（同上職官志）	日俄戰於奉天我宣布中立 無錫米商毀市毀學堂
同三十一年乙巳（一九〇五）	始抽酒捐。（同上財賦志） 八月，大風潮。八九團横沙塘圩盡毀，人畜死無算，發帑籌振。沙田免徵，並減徵蘆課。（同上故實志應毒志財賦志）	廢科舉 設學部 派五大臣出洋考察憲政 日俄議和將奉天南部讓與日本 上海因會審公廨

修築八九團外新塘。（同上工程志）
浚白龍港。（同上工程志）

英官波那晉約押惟靈市
留日學生因取締規則退學

同三十二年丙午（1906）

學務公會成立。（同上教育志）
始設勸學所，置視學員兼學務總董。（同上教育志）
邑人楊斯盛，就上海六里橋設浦東中學。旋就本境分設小學。（同上教育志）
商務分會成立。（同上實業志）
始設罪犯習藝所，並就習藝所設禁烟局。（同上工程志衛生志）
始辦巡警教練所。（同上警務志）
就白龍港建待渡公所。（同上工程志）

裁各省學政設提學使
宣布教育宗旨
禁吸鴉片洋煙土
議限十年淨盡

	蘇藩司始召集各縣士紳，舉行漕米折價會議。（同上財賦志） 始加徵牙稅。（同上財賦志） 始抽串捐。（同上財賦志） 始從漕糧帶徵積穀項下，提成充學費。（同上財賦志）	
同三十三年 丁未（一九〇七）	三月，陳綸署同知。（同上職官志） 橫沙建築養心小學校，及養蒙小學校。（同上工程志） 修築暢塘。（同上工程志）	徐錫麟刺殺皖撫恩銘，徐與陳伯平秋瑾皆被殺 禁開會演說及學生干國政
同三十四年 戊申（一九〇八）	籌備諮議局議員選舉。（同上選舉志）	頒諮議局章程及城鎮鄉自治章程 各省人民請願開國會

宣統元年己酉（一九〇九）

三月，成安署同知。（同上職官志）

始畫全境爲六區。（同上輿地志）

籌備城鎮鄉自治選舉。（同上選舉志）

諮議局成立。（同上選舉志）

始設電報局。（同上交通志）

始設救火會。（同上警務志）

復設巡警教練所。（同上警務志）

浚市河。（同上工程志）

徵集南洋勸業會出品。（同上實業志）

始加徵地漕等項，抵賠款。（同上財賦志）

始從忙漕帶徵自治費。（同上財賦志）

清廷宣布預備立憲

頒資政院章程及府廳州縣地方自治章程

甘肅大旱

日本伊藤博文被刺死

年	事	國內外大事
	改定田房契稅率。（同上財賦志） 始抽猪茶捐。（同上財賦志） 免光緒三十三年前民欠錢糧。（同上財賦志）	
同二年庚戌（一九一〇）	農務分會成立。（同上實業志） 調查戶口，計戶二萬三千四百八十三，口十萬零四千九百七十六。（同上戶口志） 勸教育會成立。（同上教育志） 拒毒會成立。（同上衛生志） 八團建築海濱小學校。（同上教育志） 二月，城自治成立。（同上選舉志） 辦平糶。（同上慈善志）	資政院開會 南洋勸業會開幕 上海商店閉[illegible] 房租[illegible]市 奉天長春鼠疫 日本滅朝鮮

	城自治公所籌浚市河。（同上工程志） 十月，長人，高昌，八圍，九圍，橫沙各鄉自治，一律成立。（同上選舉志） 十二月，城鄉聯合會成立。（同上議會志）	
同三年辛亥 （一九一一）	正月，舉行廳自治議員選舉。（同上選舉志） 城自治公所籌浚城濠。（同上工程志） 畫正壞地插花。（同上財政志） 二月，長人，高昌，八圍，九圍，各鄉民衆受莠民煽惑，反對自治。公私建築多被拆燬，鄉董有被毆者。（同上故實志） 六月，劉嘉琦署同知。（同上職官志） 八月，廳議事會，參事會，一律成立。（同上議會志）	廣州將軍孚琦被刺死 黃興等在廣州起事毀督署旋敗遇死七十二人 江蘇諮議局與江督爭預算之常駐議員全體辭職 民黨在武昌起義舉黎元洪為大都督各省響應

九月十七日，本邑宣布光復，改廳爲縣，以方鴻鎧任縣民政長，兼理下砂二三場事。（同上鹽墾志職官志）

秋，徵免地丁下忙，減徵漕糧，蘆課豁課。（同上財賦志）

十月，撤銷城守千總，將兵丁改充警察。（同上兵防志）

始設警務公所。（同上警務志）

辦商團。（同上警務志）

各省宣告獨立，南京組織臨時政府，舉孫文爲臨時大總統。

[illegible]

民國元年壬子（一九一二）

廢勸學所，縣署設學務課。（同上教育志）

縣教育會成立。（同上教育志）

八團鄉龔挹梅，與浦東中學捐建合慶小學校。（同上工程志）

鄉鎮建築安基小學校。（同上工程志）

地方審判，檢察兩廳成立。（同上司法志）

改用陽曆，各省代表公布臨時約法，清帝退位，孫大總統辭職，舉袁世凱爲大總統，參議院成立。

改建地方監。（同上工程志）

城廂救火聯合會成立。（同上警務志）

高行辦商團。（同上警務志）

設鄉政局。（同上交通志）

設戒烟局。（同上衛生志）

忙漕始折收銀圓，帶徵地方費。（同上財政志）

始定忙漕滯納加價。（同上財政志）

二三場竈課，始由縣署徵解。（同上財政志）

始規定牙稅登錄憑證。（同上財政志）

修九團一二甲老圩塘。（同上工程志）

市公所浚喬家浜等市河。（同上工程志）

浚顧家浜。（同上工程志）

	浚長浜，呂家浜。（同上工程志） 浚華蒲港。（同上工程志） 辦理第一屆省議會議員初選舉。（同上選舉志） 辦理衆議院議員初選舉。（同上選舉志） 鹽販楊義昌入園肇事，滬防統領派兵，保安營統領派巡船，均來駐防。（同上兵防志） 十一月，改縣民政長為縣知事，仍以方鴻鎧署。（同上職官志）	
同二年癸丑（一九一三）	長人鄉建築鄉公所成。（同上工程志） 徐鎮建築明化小學校。（同上工程志） 市區建築競新女學校。（同上工程志）	宋教仁在上海車站被刺死 因宋案及大借款民黨紛起反對江西首先獨立

蔡家路建築德新小學校。(同上工程志)

上海製造局之役，北軍從本邑白龍港登陸赴滬。(同上故實志)

地方審檢兩廳，改審檢所。(同上司法志)

設警察事務所。(同上警務志)

就各鄉設臨時民團局。(同上警務志)

縣農會成立。(同上實業志)

徵集巴拿馬博覽會出品。(同上實業志)

派員赴日參觀大正博覽會。(同上實業志)

國貨進行會成立。(同上實業志)

布商建布業公所。(同上工程志)

協昌小輪公司，始行川沙上海間輪船。(同上交通志)

皖粤湘閩繼之
並攻上海製造
局不久事定
正式國會開會
召集各省省議會

浚西運鹽河，及各支河。（同上工程志）

浚龔鎮東市河。（同上工程志）

𨻶課始帶徵省稅。（同上財賦志）

始徵印花稅。（同上財賦志）

始資助本縣學生之習師範，實業，水產者。（同上教育志）

始發行報紙。（同上教育志）

同三年甲寅（一九一四）

設警察教練所。（同上警務志）

三月，李彥銘署縣知事。十二月，以范鍾湘署。（同上職官志）

始設下砂場知事，經徵鹽課。（同上職官志財賦志）

裁撤審檢所，縣知事兼理司法。（同上司法志）

廢典獄官，復舊監獄。（同上司法志）

國會兩院議員職務被停止，各省省議會被解散，地方自治被取消

巴爾幹各國媾和

歐洲大戰起，日本對德宣戰，攻佔德國所據膠州灣

巴拿馬運河通航

改警察事務所爲縣警察所，縣知事兼任所長。（同上警務志）

縣公款公產經理處成立。（同上財賦志）

教育款產經理處成立。（同上教育志）

辦地方保衛團。（同上警務志）

地方自治各組織，被令停辦。（同上議會志）

縣商會成立。（同上實業志）

大川小輪公司成立，川沙南匯上海間行輪船。（同上交通志）

修積穀倉。（同上工程志）

九團建築三甲小學校。（同上工程志）

會同上海縣浚盧九郎溝。（同上工程志）

濬王家港市河。(同上工程志)

濬楊家溝。(同上工程志)

濬縣城北門外市河。(同上工程志)

始從忙銀加徵省稅，漕糧劃一部分充省稅。(同上財賦志)

重定典稅率。(同上財賦志)

舉行驗契，收驗契費。(同上財賦志)

青島德日開戰，淞滬鎮守使派兵駐防白龍港及縣城。(同上兵防志)

二十保九圖救火會成立。(同上警務志)

曹鎮救火會成立。(同上警務志)

同四年乙卯
(一九一五)

江蘇省輿地測量隊，實測本縣土地，繪圖告成。(同上輿地志)

日本向我提出二十一條迫承認遂訂中日新約

地丁向分上下忙，今始併徵。(同上財賦志)

竈課始徵增加附稅，充教育費。(同上財賦志)

始徵屠宰稅。(同上財賦志)

始抽中資捐。(同上財賦志)

始抽箔捐。(同上財賦志)

始帶徵公益捐。(同上財賦志)

修築新圩塘。(同上工程志)

江蘇臺營官地局召買墩汛，教育款產處價領一部分，作教育公產。(同上工程志)

偕南匯縣士民向清理江蘇官產處力爭，保存外捍海塘脚餘地，免令人民繳價。(同上工程志)

江南水利局召集本縣及其他蘇松太各縣知事耆紳，

帝制運動起
雲南督軍擁護共
和宣告獨立

	會議寶山海塘工程費籌補方法。本縣依議決案，從四五年起，分別在田賦項下帶徵。（同上財賦志） 五月，趙興霙署縣知事。（同上職官志） 七月，大風災。減徵漕糧，舉辦工振。（同上救貧志財賦志慈善志）	
同五年丙辰（一九一六）	實測橫沙，約田三萬一千二百四十七畝零，蘆草灘一萬一千四百三十四畝。（同上輿地志） 九團建築新智小學校。（同上工程志） 正名田賦滯納加價爲滯納罰金，改定罰金率。（同上財賦志）	袁世凱稱帝改元洪憲各省反對相繼宣告獨立西南起義袁世凱卒波瀾獨立
同六年丁巳（一九一七）	四月，景崧代理縣知事。六月以章同署。（同上職官志） 五月，始舉行地方會議，嗣定期舉行。（同上會議志）	大總統黎元洪辭職由副總統馮國璋代行職權張勳擁清帝復辟

辦理第二屆國會議員初選舉。（同上選舉志）

大灣鎮建築普明小學校。（同上工程志）

塘工水利協會成立。（同上工程志）

浚北楊家溝。（同上工程志）

始廢止屯田科則，歸併下則。（同上財賦志）

減田賦省稅帶徵。（同上財賦志）

段祺瑞馮國璋討平之

俄國革命

同七年戊午

（一九一八）

復設勸學所。（同上教育志）

裁撤教育款產經理處。（同上教育志）

龔鎮建築明強小學校。（同上工程志）

九團建築新育小學校。（同上工程志）

公立小學高級部組設校董會。（同上教育志）

歐洲大戰終止國際聯盟成立

在粵國會議員宣布不認非法選舉之徐世昌爲大總統

	公立小學校董會，從八團楊家洪校產蕩田內，指定百畝，開辦農場。（同上實業志） 修八九團圩塘。（同上工程志） 辦理第二屆省議會議員初選舉。（同上選舉志） 二月十三日，地震。（同上故實志）	
同八年己未（一九一九）	四月，汪鴻藻代理縣知事。七月以賴豐熙署。（同上職官志） 會同上海縣浚孫家溝。（同上工程志） 田賦帶徵公益捐期滿，續徵，以一部分充孔子廟建築費。（同上財賦志） 秋，歉，減徵漕糧。（同上財賦志）	南北政府各派代表在上海開議一會議 北京各大學學生爲山東事件發生五四風潮，各地響應，紛紛罷課並抵制日貨 巴黎和會開始
同九年庚申（一九二〇）	八月，周慶瑩署縣知事。（同上職官志）	直皖兩系交鬨 蘇浙滇黔各省及

地方款產經理處成立。（同上財賦志）

本縣及江陰、南通各勸學所及南菁學校等九團體，合組教育公團，報領高墩沙田。（同上財賦志）

試辦公有林。（同上實業志）

八團建築農童小學校。（同上工程志）

顧舜來就龔鎮西捐建舜來小學校。（同上工程志）

奚家碼頭建築慶新小學校。（同上工程志）

始從田賦帶徵塘工水利費。（同上財賦志）

始帶徵教育費畝捐。（同上財賦志）

會同上海縣浚鹹塘浜。（同上工程志）

蘇議會均通電主張廢督軍

直隸省議會通電制省自治法

國際聯盟在日內瓦始開會議

同十年辛酉（一九二一）

十月，周慶瑩卒於任，以嚴森署。（同上職官志）

各省區議制定省憲

辦理第三屆省議會議員初選舉，（同上選舉志）

辦理第三屆國會議員初選舉。（同上選舉志）

交通工程事務所成立。（同上交通志）

會同上海塘工善後局籌築上川縣道。（同上交通志）

上川交通公司成立。（同上交通志）

高昌鄉開辦大豐畜植試驗場。（同上實業志）

江蘇臺營官地局，召賣內捍海塘塘坡地。（同上工程志）

秋，海潮災。減徵漕糧。（同上財賦志）

浚老洪窪，築水閘，以工代振。（同上工程志）

龔鎮消防隊成立。（同上警務志）

川黔宣布自治
英美等國[illegible]華盛頓
直魯豫水災
舉行[illegible]會議

同十一年壬戌（一九二二）

以振款修築八九圍外圩塘。（同上工程志）

奉系與直系交鬨
湖南公布省憲

設育嬰所。（同上慈善志）

大川電燈公司成立。（同上實業志）

爲管理松屬七縣公共教育款產，設七縣學校聯合會，開辦松奉金上南青川七縣共立女子師範學校。（同上教育志）

徐世昌出走，大總統黎元洪復職

第一屆國會在北京繼續開會

英美協約成

同十二年癸亥（一九二三）

八月，縣自治恢復。（同上選舉志）

改勸學所爲教育局。（同上教育志）

設師範講習所。（同上教育志）

顧鎮建築惠北小學校。（同上工程志）

胡驥伯就九團捐建驥伯小學校。（同上工程志）

王家港建築培養小學校。（同上工程志）

黎元洪再被逼走天津，由內閣攝政，以賄選爲大總統

日本東京橫濱大地震

北京舉行國民裁兵運動大會

土耳其改民國

清理墾田董業協會成立。（同上財賦志）

會同寶山上海兩縣，浚川上寶界浜。（同上工程志）

浚八團三甲港及太平河。（同上工程志）

改建縣商會。（同上實業志）

蘇松屬七縣慈善救產董事會成立。（同上慈善志）

同十三年甲子（一九二四）

帶徵自治及公益畝捐。（同上財賦志）

加徵義務教育畝捐。（同上財賦志）

帶徵戶籍費。（同上財賦志）

帶徵賣契紙特捐。（同上財賦志）

移築八團外圩塘。（同上工程志）

秋，齊盧交鬨，淞滬護軍使何豐林，派兵駐白龍港，一部

齊盧交鬨
直奉再開，曹錕被
迫辭大總統職
段祺瑞成立執政
府
孫傳芳軍自浙江
進占上海
則實段賣還曾辛

分駐城內，檢查郵電。（同上兵防志）

十月，齊盧罷兵。南通第七十六混成旅別動隊隊長吳崐山率隊入城，踞縣商會，索縣印，騷擾十餘日，攜資去。（同上兵防志）

川北電燈公司成立。（同上實業志）

同十四年乙丑（一九二五）

以各公團之協議一致，縣參事會之議決，拆除城垣。（同上工程志）

十月，上川長途機車開始通車。（同上交通志）

浚城內三竈港。（同上工程志）

會同南匯縣，浚白蓮涇、長浜、呂家浜。（同上工程志）

小灣鎮建築振新小學校。（同上工程志）

北京舉行善後會議

金佛郎案發生大糾紛

上海租界發生五卅慘案

北京舉行中俄會議

北京舉行關稅會議

蘇督楊宇霆以孫

設私立初級中學校。（同上教育志）

高昌鄉帶徵教育債畝捐。（同上財賦志）

水作等八業公所，集資修葺種德寺，重整行規。（同上工程志）

第六混成旅旅長劉永勝，率隊來縣，分駐城內，白龍港，及各鎮。（同上兵防志）

傳芳軍之進逼
奉系兵全部北
退
奉天發生郭松齡
之變
英法德意訂結洛迦
諾保安公約

同十五年丙寅（一九二六）

調查戶口，計戶二萬四千九百六十一。口十二萬四千二百七十三。（同上戶口志）

八團建築育新小學校。（同上工程志）

孔子廟開始建築，（同上教育志）

創設模範公墓。（同上衛生志）

北京發生五一八
慘案
國民革命軍北伐
吳佩孚軍孫傳
芳軍先後敗退
國民政府自廣州
遷武漢
鹿鍾麟兵圍執政
府段祺瑞出走

辦理墾田升轉科則。（同上財賦志）

田賦加徵戶籍費。（同上財賦志）

秋，大風雨災，減徵漕糧，緩徵竈課。（同上財賦志）

辦平糶。（同上慈善志）

還築九團三四甲外圩塘。（同上工程志）

塡縣城東水關迤南內濠，浚署前河通外濠。（同上工程志）

橫沙保坍工程開始。（同上工程志）

陳維屏創橋路同善會，集資建橋修路。（同上交通志）

七月上川長途機車正式行車。（同上交通志）

孫傳芳部盧香亭師第六團第二營營長楊士俊，率隊來縣，分駐城內及白龍港。臨去拉夫充役，途次病死一名。（同上兵防志）

執政府解散
張作霖入北京就
安國軍總司令
閻孟會兼總指北
極

（附記）

一　本表取材於道光川沙撫民廳志，光緒川沙廳志，及本志圖及他書。

一　以時代今昔之不同，而事務有繁簡，以年期遠近之不同，而節叙有詳亡。本表悉從其實。

一　材料之取舍，略偏重於民生福利，文化建設關係事項。

一　關於本邑設廳，設縣，建設制劃。本表記載較詳，以示紀念。

一　本志餘錄諸材料，本表從略。

（清）佚名纂

江東志

抄本

祥異

宋　咸淳七年辛未大水

元　大德六年戊戌七月水歲祲　十一年丁未大饑　至元二年丙子旱大饑自春至八月無雨　三年丁丑五月訛言訛傳采童男女人家凡男女年十三以上者婚嫁殆盡

明　洪武十一年戊午五月水七月四日颶風海溢人廬漂没　廿三年庚午七月朔颶風海溢人畜漂没廬舍無算

永樂十三年乙未九月二十日星隕江東民周仲姓見空中白氣一道自西北而下有聲如雷墜於寶山之南周氏視之一黑石耳

正統二年丁巳寶山有虎成群爲害凡傷人六十五人事聞詔下靈城伯李隆遣吴淞千戶王廣與殺張鏓捕獲之

景泰三年壬申冬大雪四十日冰霧

天順五年辛巳七月五日夜大風雨海潮溢岸丈餘漂没廬舍死者無算

成化十七年辛丑歲大祲　弘治八年乙卯五月水歲祲　十一年六月十日未刻水陽河渠池井水皆震動湧起三尺通邑皆然

正德二年丁卯歲祲　四年己巳春日光摩盪正月十五日初出有九日者十數相
摩盪日沒寂然而止夏地震海水沸七月大雨初六起凡五晝夜平地水丈
餘歲大祲　五年庚午四月大疫病橫遍鄉不可以言　十六年辛巳正月朔
白氣亘西南長四五丈廣三四丈漸微如絲乃沒
嘉靖元年壬午七月二十五日大風雨海溢溺死人無算歲祲　七年戊子旱歲祲
十三年甲午十月八日夜星隕如雨　十八年己亥閏七月三日颶風海溢平地水二丈八尺
漂沒無算十月大疫歲祲　二十一年壬寅七月朔日食盡晦星見　二十二年
癸卯大旱無禾　二十三年甲辰大旱無禾石米一兩八錢　二十四年乙巳大旱疫
二十八年己酉大旱　三十一年壬子雞妖高橋人家一雞忽作人語云燒香迎和尚一年來
內當後倭至年山燒民大肆焚掠　三十二年癸丑三月十五日赤虹抱日是日倭
寇寶山　三十三年甲寅二月地震四月二十二日夜妖日西出高丈餘有頃方墜大
旱四月至七月七月十二日怪風壞苗禾　三十四年乙卯四月十八日黃家濱水赤
色如血月餘始復故十一月雨豆色微紅似赤豆而小　三十八年己未旱七月始雨
歲祲石米一兩九錢　四十年辛酉霪雨四月至七月大祲　四十一年壬戌大水疫
隆慶二年戊辰訛言太監張進朝選擇侍從女入宮民間男女婚嫁殆盡事聞
誅進朝　三年己巳海溢歲祲六月有巨魚見海上背高如山月晃九日不竟死

尾吳歲海三溢

萬曆七年己卯七月十三日颶風海溢溺死無算又大疫十月四日並生蝻時蝗相摩盪兩月方止　十年壬午七月颶風海漲田廬漂沒無數歲大祲　十一年癸未春大疫　十五年丁亥五月大雨無麥秋海溢無禾　十六年戊子春霪雨夏秋大旱疫死者枕藉斗麥百文石米一兩八錢　十七年己丑夏秋大旱歲大祲四月至八月不雨花禾不能下種　十九年辛卯正月春海溢溺死人無算十九日訛傳倭至人爭竄互相蹈死　二十一年癸巳六月
二十二年甲午大饑　二十四年丙申小溢歲祲棉花無　二十六年戊戌寶山所獲小獸馬首鹿身蹄似牛色深青人無識者　二十七年己亥棉花大稔　三十二年甲辰十二月九日地震　三十七年己酉夏大疫秋大水　四十五年丁巳七月白氣亘東方夜半後有白氣上衝長數丈廣數尺頭銳而東指狀如刀月餘乃滅

天啟三年癸亥十二月二十日申刻地震屋宇皆遍生白毛　六年丙寅七月朔大風雨海溢凡兩溢歲大祲　七年丁卯十二月大雪深積三尺

崇禎元年戊辰四月十日東海龍見凡數十　二年己巳夏秋大水六月二日七月二日八月一日三次海溢人屋漂溺禾木俱無歲大祲　三年庚午春大饑米麥價湧

貴梯米騰踴盜賊蜂起人食糠粃　十四年辛巳正月六日大雷雹而夏秋大旱四月至七月不雨巨川大瀆涸竭可步居民擔水於數里外貧者負水易錢耕牛渴死秋復霜穀未收者竟致不獲顆粒　十五年壬午春大饑大疫時石米四兩五錢麥三兩六錢人食榆皮草根豬羌糠糟腐渣視為美饌有殺以充　十七年甲申夏奴叛高橋瞿氏奴五月聞國變乘機劫主燔眾索契禍延嘉上兩邑殺主焚廬中風不叛兵憲程捕誅其首亂得息

國朝順治二年乙酉閏六月十五日夜月食既眾星南流　四年丁亥訛言有選女之詔男女爭相婚配歲大稔石米五兩綿花一錢　九年壬辰六月二十六日颶風海溢命海溢溺人廬舍無算秋無收冬嚴寒十二月一日至十五日河冰徹底嘉江凍斷舟貨不通者一月　十五年戊戌八月二十二日未刻地震　十六年己亥正月龍見雷雨六十日方霽二月二十九日夜黑霧鄉城皆滿　十七年庚子三月朔日食九月朔又食五日有虎至黃家灣傷人數日遁去　十八年辛丑正月龍見二月雷雨夏秋大旱五月至七月無禾

康熙二年癸卯旱六月二十六七月二十二日俱颶風海溢　三年甲辰正月朔日食旱七月二十九海大溢五晝夜不退人廬漂溺　四年乙巳春大饑秋海溢平地水六七尺歲大稔　八年己酉無棉　九年庚戌五月霪雨田疇盡沒六月颶

風歲大稜棉禾俱無　十年辛亥夏秋大旱禾無棉至八月二十四日始雨九
月二十七日大風雨棉花鈴落觔　十一年壬子五月大雨雹　十三年甲寅七
月颶風八月有海犀大倍于牯而北亂長五六丈逐之入海十月霜雹石米八錢
五分　十六年丁巳正月朔震雷自西放達旦五月三日雨冰斤花一分三厘　十七年
戊午秋大疫歲稔　十八年己未夏秋旱八月蝗歲祲　十九年庚申正月十
五月赤無光春饑時石米二兩七錢斤花二分五厘夏秋霪雨損棉　二十年
辛酉無棉石米二兩三錢斤花四分　二十一年壬戌大稔石米一兩斤花三分六厘
二十三年甲子棉花大稔早者三百斤一畝八月十日雷震雨雹石米六錢七分
棉花每斤二分　二十六年丁卯七月十日大風潮平地丈餘十七八九日陰雨棉花鈴
落腐　三十二年癸酉夏大旱棉大稔石米八錢五分斤花一分六厘　三十五年
丙子正月朔大雷六月朔颶風海溢平地水一丈餘廬舍漂沒無算冬疫氣
歲大祲斤花六分　三十六年丁丑春夏大疫死者枕藉　三十八年己卯八月二十日雨
紫如棉花衣大者狀如蝴蝶歲稔　四十一年壬午大有年石米七錢五分斤花一
分八厘　四十二年癸未棉花大稔一畝有三百斤者　四十四年乙酉夏秋霪雨颶
風歲大祲　四十五年丙戌春大饑石米二兩　四十六年丁亥夏秋大旱小成大祲
四十七年戊子春夏霪雨二月至五月止五月支日地震無麥石米二兩四錢斤花五分

四十八年己丑夏大疫 四十九年庚寅正月朔虹見東方 五十一年壬辰夏旱八月
十日颶風大雨潮漲二晝夜六二九日又漲十月朔又漲是年三次潮溢禾稼無
收歲大祲 五十二年癸巳六月一日八月三四日二次颶風海溢禾稼 五十四年乙未
夏秋霪雨七月朔望兩次颶風禾稼 六十年辛丑正月大雨雪奇寒夏秋大旱
六十一年壬寅六月十二日一日三潮二更夕大稔秋大旱七月四日昏時大星西北流大
如斗有聲其光燭天
雍正元年癸卯秋大旱石米一兩九錢斤花一分八厘 二年甲辰春饑七月蝗
十二日颶風人屋漂沒 四年丙午六月 春饑霪雨夜冬大水棉花浥腐 六年
戊申麥稔四月有麥蛀食粟別稔八月蝗石米一兩五錢斤花三分五厘 十年壬子
七月十六日東北颶風海大溢拔木壞屋海潮接陸平地水高丈餘淹
死男女二萬餘十八日潮退屍積望鬼啼連天哭聲震地傷相山混沌云石米一
兩四錢斤花四分 十一年癸丑疫癘流行死者枕藉十二月廿八日地震石米二
兩錢斤花三分五厘 十二年甲寅夏秋霪雨四月至七月止歲祲石米二兩一錢斤花八分
乾隆元年丙辰歲大稔 三年戊午八月十六日颶風海溢積土壞捍衛無
恙 六年辛酉五月十八九等日海溢積土壞捍衛禾田廬無恙 七年壬戌六月
彗星見西方歲稔 十年乙丑無棉斤花白者八分五厘紫者一錢 十一年

丙寅棉花大稔正月嚴寒河冰徹底　十二年丁卯七月廿四日東北颶風海潮溢岸
七八尺頹海塘拔屋揠人死甚衆外棉禾俱無收成　十四年己巳九月大疫冬至
遂方息　十五年庚午棉花大稔疫　十七年壬申四月六日寅刻地震死者甚人
胃淋症無歲稔　十八年癸酉麥稔夏旱六月雕鳥入市無花無秋螟螣　二十
年乙亥木棉俱若饑殍載道（難）　二十一年丙子春大疫民多死米五兩
斤花九十文　二十三年戊寅七月螟　二十四年己卯人民大饑歲大稔　二
十五年庚辰棉花大稔　二十六年辛巳四月霪雨至八月止棉花重種十月青
莢牛羊凍死　三十年乙酉夏大旱蝗蟲無餘兩晚禾覆　三十四年己丑棉花無有
霪雨花荒泥爛　三十五年庚寅七月二十四日颶風田中水大許　三十六年辛卯七月四日
颶風海溢龍風來於海壞水高田禾六尺荒種　四十年乙未二麥棉花稔　四十一年丙申
七月二十日海溢禾棉無　四十二年丁酉夏霪雨六七兩月秋冬疫癘流行九十兩月尤甚
四十四年己亥正月朔龍見二日雷震三月霪雨無麥石米六兩斤花五分五厘　四十五年
庚子棉花稔　四十六年辛丑六月十八日颶風海潮沖拼土墳五六處折木毀屋人有溺
死者辛丑大疫　四十七年壬寅春旱木棉俱無石米二千五百文斤花一百文　四
十九年甲辰春霪雨損麥　五十年乙巳大旱冬疫石米七兩二錢元銀八二串
五十一年丙午春大疫　五十四年己酉六月十八日颶風海溢七月一日害蟲々無棉

歲稔　五十五年庚戌六月廿七日朔颶風海溢無棉花米四兩斤花九分此中每

斤五文八月漁人於海灘獲銅炮三個　五十六年辛亥颶風海溢七月朔十五日俱潮

三次潮溢海塘無棉花米五兩斤花一百二十文元銀一兩貿八十　五十七年壬子七月

十日大雨花鈴落盡禾稔石米三兩三錢斤花七分元銀一兩十二番錢八百四十文　六十

年乙卯春捐賑秋祭唐竹林 嘉興籍人分治李仕新 江西吉水人前縣令彭元瑋 江西南豐人

按吾鄉濱海歲非不患旱以棉花畏水故旱即成旱人人巧其代溝天之潤溝逆

水身灌日晴低田暖豐涸有無獲者非因地之肥磽也因農之勤惰耳將是

秋颶風潮來救濟人虛漂溺無閒棉禾者是編非歲之大有大殺也

不考花米浙價細所夭也

嘉慶三年戊午十月十三夜五鼓大雨自北而南一夕　四年己未七月初三日颶風平

地水高四五尺海口之塘俱坍禾棉大浞八月復發禾棉半獲苍㢓者未之

見也　九年甲子七月十五日戌刻白虹見西北亘白貫天尾東南　十年乙丑歲稔

閏六月初四日颶風海溢淫雨　十六年辛未七月二十九日酉刻有一星光芒燦然射

於北方三不墜成隊後光散為流星　十九年甲戌歲稔捐賑　二十三年丙

子遍地生白毛　二十四年己卯十月十九日戌刻白光如虹

道光元年辛巳秋大疫人多死生白背人無食者　二年壬午秋大疫　三

年癸未水災歲饑有賑　四年甲申花核方交一斤山東種不壓土不複成　五
年乙酉八月初四日子刻西方白氣上衝長丈餘東指旋南向餘暉滅九月二十日
戌刻白光如虹　六年丙戌春募商船海運蘇松常鎮太糧秋霖花鈴淹
腐　十一年辛卯六月二十八日颶風海溢歲饑有賑　十二年壬辰六月有夷船一
泊海口數日彈壓去歲饑有賑　十三年癸巳歲饑有賑　十四年甲午無棉
十五年乙未六月十四日颶風海溢沖沒土塘溺死不少七月初二日六如子無論近陽
秋桑行防兵頭死者八月十八日有夷船一艘進泊海口三日而去二十日酉刻彗星
見西北　十八年戊戌十二月極大雷雨雹　十七年丁酉一大雨全日　十九年
己亥春雷電雨十日歲無蠶　二十年庚子夏六月霪雨二十日無蠶

（清）韓佩金修　（清）張文虎等纂

【光緒】重修奉賢縣志

清光緒四年（1878）刻本

災祥

元至元時青村鹽場有蘆一枝飛空中後有鈔隨之而飛集於里人林清之佛堂閣上楊瑀山居新話

明永樂二年七月二日大風雨海溢田禾爲鹹潮所浸多槁死

正統九年冬十二月大雪七晝夜積至丈餘民居不能出入就雪中通道往來

景泰五年正月大雨雪四旬不止夏大疫

成化八年秋七月六風雨海溢

十一年夏四月地震生白毛

十七年十一月冬至大雷電雨雪明年饑

宏治十六年夏四月大雨雹損麥沙岡左右有擊死牛馬者

十八年秋九月有風如火從東南來已而地大震

正德元年海溢

四年冬大寒竹柏多槁死橙橘絕種

五年春二月白沙鄉十四保胡經家樹鳴秋九月訛言有兵至居民驚走

嘉靖三年春二月夜地震

四年蔡涇農民孔姓豬下產一肉塊剖視之一兒宛然

八年秋七月飛蝗蔽天適颶風作驅蝗入海遺種化蟹食稻

十八年閏七月海嘯風從北起漂没人民無算

三十年地生白毛先是民謠曰地上白毛生妻兒老少一同行高橋鎮民家雞忽作人言曰燒香望和尚一事兩勾當明年倭奴浮海燒香羊山遂登岸刼掠人民逃散是其應云

三十二年春正月朔日食晝晦越六日黑日亂墜移時乃止

隆慶二年冬十月夜雷電桃李華禾秀梅杏實

三年夏六月海溢鹹潮入內蟛蜞爲害

萬曆二年冬十二月丙辰大風自西北來倒屋拔木一晝夜不息

五年夏六月雨寒如冬傷稼

十一年春正月朔地震器物相軋有聲

十四年春二月晦雨黃沙是日擷野蔬食者多死冬木冰

十七年春正月雨木冰如箸大饑夏旱六月十八夜雪如絮瓣皆六出秋七月月中有白小星迸出如珠

二十三年春正月天鼓鳴地震

三十八年春三月庚子自昏徹旦鄉城鬼嘯夏四月癸未白虹貫日

泰昌元年冬十月二十日寅刻雹電是夜月圓如望

天啟二年春二月庚寅黃沙四塞日色黯白壬辰雨沙蔽日

三年春三月癸卯天鼓鳴連日地大震生白毛

四年春二月甲辰烈風雨沙日白無光三日三月庚辰黑虹見南方其長亘天秋七月辛未地震若雷

五年春三月大雨雹傷麥夏四月己亥風霾六月夜聞

空中兵刃聲秋七月日下有暈如黑日

崇禎八年春大水民間訛言夜有狐妖沿海因傳倭警男女驚竄

十三年水旱不均大饑

十四年春二月朔丙午黑霧四塞甲寅復有黃霧三月戊寅風沙蔽天夏大旱飛蝗食稼餓殍載道秋八月海潮日三至

國朝順治元年大風海溢鹹潮自歇浦來漂廬舍淹禾稼壞捍海土塘五百十餘丈

六年秋七月二十日將晚日中黑氣一道直沖天頂海

中亦起黑氣一道相接如橋至暮而隱

七年夏黑虹夾日首尾垂地

九年夏亢旱人行魚道大饑冬十一月十三日雷大震

十二年春二月五日地震有聲如雷自北而南夏六月

又震

康熙元年歲大稔嘉禾重穎

三年秋七月颶風浦水大溢飄來屋木徧塘外有男婦

附木浮於海灘者上並府志

五年秋大熟斛米二錢時湖廣江右價尤賤田之所出

不足供稅富人栽粟盈倉委之而逃百姓號爲熟荒薛

所蘊有豐逃行府志是年五月二十三日盛家橋下雪二
十七日復下他處不聞
十一年秋七月二十日龍陣燒田禾攝房屋入空中行
人或隨風攝去冰雹有重至二三斤者
十六年元日雷電雨雪夏大旱疫癘
三十五年夏五月亢旱六月朔颶風大作漂溺人民竈
場盡沒
雍正三年秋七月嘉禾生冬十一月繁霜如雪著樹作樹
花竹葉狀
五年冬十一月甘露降著樹如霜華連綴纍纍嘗之如

蜜

六年正月甘露降江蘇巡撫魏廷珍疏聞

乾隆元年秋七月嘉禾生一莖雙穗或四五穗歲大稔

十六年六月十六日颶風海溢

二十年夏六月霪雨經月天氣如冬秋蝝生五穀木棉皆不實

三十三年歲大稔

四十六年夏六月海潮溢入内河水鹹半月始淡沿海廨舍多所漂沒上並府志

嘉慶三年春正月五日極寒廚竈皆冰是年大旱見上海縣志

十九年夏徧地生白毛是歲大旱三月下旬不雨至七月

二十五年夏多疫疾須臾不救有一家傷數口者

道光二年大旱

三年春二月霪雨至夏五月秋七月九月皆大雨歲大饑米價石至錢六千見上海縣志

十三年夏秋霪雨木棉禾稻多不實百物騰貴

十四年秋颶風雨日夜

十五年夏六月海潮溢至半塘秋八月望颶風大雨

十八年冬十二月晦驟暖夕大雷電以雨

十九年元旦大雪

二十一年冬十一月十四日大雪越兩晝夜積五尺許冰凍累月十二月地震

二十三年秋八月颶風大雨

二十六年夏六月十九夜地震二十七日子夜大風勢如崩山有赤光如盤自北而南落星千百隨之聲如雷地復大震

二十七年夏六月哺後有星如矢高四五丈至戌後沒見三十餘日是夜地震

二十九年春霪雨自閏四月至六月歲饑米翔貴秋大

疫

三十年秋八月望大風雨兩日水驟漲

咸豐元年春正月十七夜子刻地震見上海縣志

二年夏五月中地生白毛大旱冬十月六日地震

三年春三月地屢震

五年春正月二十九日晡時空中有聲如礮數百與皆
同

六年夏五月至六月不雨地生毛如人髮長五六寸氣
滃腥秋七月有蝗自海濱來蔽野

七年夏四月有蝗徧地五月望大風雨一日夜乃絕

十年閏三月三日立夏寒甚如冬見上海縣志是年海塘人掘地得白米如飯數斗

十一年秋八月十九日大風雨昏時有聲如鬼哭嘯城鄉皆然冬十二月二十七日大雪至晦始止積三尺餘

同治元年春正月三日木冰是年大疫米貴石至錢十二三千

二年大疫

四年春正月雷雨夏五月二十日有黑龍自青村港西市過朱店大風雨拔樹壞屋秋七月十二日有黑龍自徐連橋至白沙廟而南冬十二月雷雨

五年秋七月十七夜有星自東而西光如月

光緒三年夏五月二十三日大風拔木壞屋舍無算六月

四日夜半地震有聲自北而南是秋桃李華

四年春正月四日夜南橋塘有馬蛇無數隨潮而入遲

明不知所往二月三十日青村鎮一帶有大蟻無數鼓

翼飛舞據老農云是能害禾惟大風可吹滅是晚果有

大風

（清）汪祖綬等修　（清）熊其英、邱式金纂

【光緒】青浦縣志

清光緒五年（1879）尊經閣刻本

青浦縣志卷二十九

雜記上

祥異

吳黃龍三年夏由拳野稻自生

建興二年冬十一月有大鳥五見於春申浦吳人以爲鳳皇明年改元爲五鳳

宋永初二年夏六月白烏見吳郡婁縣太守孟顗以獻

齊建武二三四年秋七八月輒大風吳地尤甚發屋折木殺人

梁天監元年秋八月壬寅熒惑守南斗其占爲吳越有憂是歲大旱斗米五千錢人多餓死

隋開皇十二年夏五月癸巳有流星隕於吳郡爲石

唐長慶四年蘇湖二州大水太湖決溢

宋建隆二年秋七月壬戌大風拔木九月庚戌夜所在地震響如雷　又傳建隆初澱湖三姑廟後一山湧出波浪中隱隱與水平久之寖大

淳熙十一年多大風有二龍戰於澱湖浮屠爲之飛動頃之一龍蟠護其上遠近皆見

元至順元年閏七月大水冒村郭殍殣相籍釋順昌上官府書署曰昔公孫宏對策有曰心和則氣和氣和則形和形和則聲和聲和則天地之和應矣今日上下之心和耶不和耶傷天地之和氣者誰與使盲風怪雨發作者誰與凶年饑歲老弱將轉乎溝壑矣當此之時爲民父母不以己饑己溺之心處而泛泛然爲具文祈禱安能召和氣而回天意哉爲今之計莫若講行救荒之政平糴價以寬民力行賑濟以救饑貧放商稅以通客旅清獄訟以雪冤枉察吏奸以禁賄賂抑小人以扶君子通下情以求民瘼凡可以弭災異召和氣者盡心力而爲之愛國願年豐出於一念之誠則不須祈禱而慧日自呈祥所謂人事盡而天理見也

元統二年夏五月大雨雹雹有眼若雕琢然

至元三年歲饑夏六月民間訛言括童男女一時嫁娶紛然陶宗儀輟耕錄云自後匹配不齊各生怨悔或夫棄其妻或妻誑其夫詰訟不休有致死者此異變前此所未聞也

至正二十四年夏六月泖湖水湧起三尺餘

明永樂三年夏六月朔雨十日不休高原水數尺窪下積丈餘時朝命通政使趙居任至松江治水令居民插茭蘆水田中日望青冉亦可也民不悟從之後皆據以起税有白水徵糧趙通政之謠

正統三年富林焦震家生瑞竹二本異梢同幹森然齊長七年瑞竹再生震儒術有傳

九年甲子秋七月大風拔木發屋雨晝夜不息湖海溢水平地數尺漂人畜壞屋廬無算冬十二月大雪七晝夜積高丈餘民皆鑿雪開道以行

景泰五年春正月大雨雪連四十日不止平地水深數尺湖
泖皆氷夏大疫死者無算秋七月大水
成化八年秋七月壬申大風雨海溢漂沒死者萬餘人鹹湖
所經禾稿莁棉
十一年夏四月地大震生白毛
宏治四年夏五月久雨害稼
十一年夏六月泖溢
十四年冬十月地震十一月泖湖氷經月始解
十六年夏四月雨雹擊牛馬多死
十七年夏六月西北五色雲見薛山顧廷儀家生瑞竹一莖
兩幹
十八年秋九月有風如火從東南來已而地大震後數日有

星東北流墜於海越明年有桑璠王艮之變

正德四年秋七月丙子雨十有一日不止人民廬舍多漂沒

先是上海有虎食人北來橫泖之上水至而去是冬極寒竹柏多槁死橙橘絕種數年市無鬻者

嘉靖三年春二月地震

八年秋七月飛蝗蔽天颶風作蝗入於海其遺種化為蠏傷稼

九年旱

十二年夏六月蛟起魎魍鎮傷禾苗

十八年旱蝗食禾幾盡

二十三年夏大旱自五月至六月不雨米涌貴死者載道

二十六年大風泖中有古木為蜃出沒巨浪中風雨狂驟咫

尺莫辨忽有異香絪緼自塔中出塔頂金光涌現
三十年地生白毛未幾倭夷入境占者以爲人民離散之象
三十二年春正月丙午朔日有食之晝晦越六日辛亥黑眚亂墜移時乃止時舊治將廢邑廨有怪邑令夫人方食次椀中一蝦蟆跳出盤旋几上驅之不去夫人驚悸成疾卒魑魅一婦人生髭時縣差以事攝其夫不得從壁間窺之以爲男也遂誤拘之觀者如堵
三十七年秋八月市中訛言有狐爲祟徹夜鳴金不絕稍懈即被傷如爪痕踰月乃息或曰有道者挾妖術翦紙爲狐以針爲爪畢則收之夜復咒而遣之假是以行竊也後其術敗道者不知所之
四十年夏五月癸未佘山九蛟並起水湧丈餘平地成河秋

八月大雨民廬舍漂沒
四十五年秋大風雨害稼
隆慶元年冬民間訛言選宮女婚娶貿亂如元至元時
二年冬十月大雷電
三年夏六月朔海溢大風從東南起人畜漂沒無數歲祲
萬歷二年冬十二月丙辰大風自西北來拔木飛瓦一晝夜
不息
五年夏六月甚寒積雨沒民田禾爛死冬十月彗星見
六年冬澱湖冰成山高數丈長二里許先是居民夜聞萬馬
聲湖中彷彿有燈火千餘及明見冰山兀然月餘始解
十年秋七月大風壞屋廬
十一年春正月朔乙卯地震雨血

十五年春正月癸卯雨冰凌夏五月壬辰大雨徹晝夜平地水深丈餘七寶民家產一豕八足小蒸顧氏家黑豕化爲白

十六年秋大水傷稼

十七年夏大旱泖湖涸爲溝

十八年大疫米騰貴

十九年冬十一月雷電雨雹

二十年秋七月丁卯夜有星貫月而過冬十月丙午地震

二十三年春正月天鼓鳴地震起西方至東南漏盡三刻乃止

二十四年冬十二月泖塔潮音閣佛像放白光如疋練長亘千尺是日風從東北來幢幡反飄東北去人以爲異

二十五年春二月天降黑雨著衣如墨點夏五月戊午鍾賈

山蛟起崩西南隅一角

二十七年秋七月甲戌空中聞鬼聲俄而徧地鬼鳴時以措炮震之民間謠曰天上鬼市叫城中俱放炮不知因甚來朝廷要納鈔次年果有抽稅之舉

二十九年春夏霪雨傷麥

三十二年大水

三十六年夏五月鳳凰山蛟起張號墓前地陷爲潭

三十七年歲饑

四十五年冬十二月己未夜半大雷電

天啟四年大水秋七月辛未地震歲大祲

五年春三月雨雹大如雞卵夏四月己亥風霾六月夜聞空中兵刃聲秋七月日下有暈色黑大星見東方紅芒四射

六年秋七月大雨風歲祲

崇禎二年大水
三年冬十二月戊辰雷
九年夏六月大旱冬十二月極寒泖澱皆冰
十三年飛蝗蔽天大旱
十四年春二月朔丙午黑霧降甲寅雨黃沙陰霾四塞三月
戊寅風沙蔽天夏旱米大貴
十五年春蝗蝻生遇雨化爲鰍蟹
十六年五月至七月不雨河水盡涸而泖水忽長起數尺
十七年春三月東南蚩尤旗見
國朝順治二年春三月民間甑底生花痕如刻畫
四年泖西有虎守兵迎其首射之中目而殪
五年秋大水

八年夏四月至五月大雨河水溢六月有龍於漕港取水提一舟入田中是歲米價翔貴每石銀四兩

九年夏亢旱饑冬十一月雷

十年春三月大雨雹夏五月大雨六月復雨傷稻

十一年冬十一月泖澱凍不解人行冰上

十二年春二月地震有聲自北而南

十四年七月竇民家生男兩首

十五年秋八月地震

十六年春正月龍見多雨

十八年春正月彗星夜見多雨秋七月一日潮三至是歲大旱歉收

康熙元年歲大稔

二年漁人於長泖捕得一大魚重三十有五斤狀如鯽頭有五眼是秋細林山張憲別業竹生花未幾枯死

三年秋九月地震其聲自南而北

四年大旱田龜圻

六年冬十二月雷虹見

七年夏六月地震生白毛冬十月地復震

八年夏六月地大震

九年夏四月五月霪雨六月大風一晝夜始息翌日大水暴漲天驟涼如深秋歲歉

十年夏旱

十一年秋七月飛蝗過境不爲災八月蟥生田禾半槁死

十三年夏六月大風決水傷禾冬十月霪雨是歲王原有與合邵搢紳言水

災眚別見荒政

十五年夏五月有星隕瓢湖之濱墮地有聲居民掘之見一黑石手按之尚熱重凡十九斤擊碎刀摩之火光四射六月大水

十六年春正月朔聞雷夏五月雨冰六月疫

十七年夏四月五日地震五月雨雪大旱歲祲

十八年春三月至秋八月不雨大旱蝗生歲祲

十九年春正月望月赤無光五月大水八月大疫

二十年歲大稔

二十一年歲大稔禾生一莖兩穗間有三四穗者冬十月龍見

二十二年春霪雨傷麥

二十六年秋七月大風河水暴溢傷禾

二十七年秋蟲食禾

二十八年秋有蟲不爲災

三十年夏六月奈山塔後地中有聲如雷忽大雨平地水深三尺有蛟兩角裂地出時猛將廟旁銀杏一株大數圍爲風所拔其根大於屋下有卵三斗許形如鵞子

三十一年春正月朔日食夏旱

三十二年大旱歲祲九月大雨水漲數尺屋宇有漂沒者

三十三年冬十二月雷電大雨

三十四年夏霪雨傷稼

三十五年夏六月颶風暴作海溢秋七月復大風壞民居廬舍

三十六年春正月朔微雷夏疫作秋大水
三十七年秋七月大風水猝至平地丈餘
四十一年夏五月海溢六月火星入南斗越一宿復從中逆
行而東漸退歸次
四十二年秋八月龍安橋下二大魚上游形如船旁有小魚
無數
四十三年秋七月大旱
四十四年夏旱秋大水歲祲
四十六年夏大旱
四十七年夏霪雨五月地震聲自西而東秋大風
四十八年春夏疫秋大水
四十九年春正月朔虹見東方夏霪雨大水

五十一年大有年

五十三年夏旱

五十四年春夏霪雨秋七月颶風大作歲祲

五十七年霪雨多疾風歲祲是歲夏五月十六日有羣蟻自海入吳淞江風浪衝擊團結不散有大徑寸者

五十八年春正月朔日食

五十九年夏五月地震

六十一年夏旱秋七月夜有大星西北流入斗垣

雍正元年夏四月大雨雹大者重五十斤秋大旱

二年夏五月蝗秋八月海溢

三年春二月朔越二日日月合璧五星聯珠三月大雨雹秋七月嘉禾生

四年秋八月霪雨害稼

五年冬十一月甘露降著樹如霜珠綴纍纍嘗之味如蜜

六年夏旱四月疫八月螟

八年歲大稔冬十月朔越二十有八日地震

九年秋七月蝝生

十年秋七月大風海溢

十一年夏疫

十二年秋七月大風海溢

乾隆元年秋嘉禾生一莖雙穗大有年

三年秋九月雨雹傷禾龍鬬於泖自西南至東南入海

四年夏四月大雨雹傷麥冬十月野皃蔽天來傷稻

八年歲大稔

十一年夏六月雨雪

十二年秋七月大風海溢

十三年夏四月大雨雹傷麥

十四年夏大疫

十六年冬十一月至十二月甘露凡五降

十七年歲大稔斗米不足百錢

十八年歲大稔秋八月一日三潮

二十年夏六月霪雨天氣寒如冬秋蟓生五穀木棉皆不實米價騰踊升米至二百錢冬十一月地震

二十一年春夏大疫

二十三年夏大水

二十四年春三月彗星見南方月餘乃滅

二十五年歲大稔

二十六年春正月朔日月合璧五星聯珠

二十七年夏大水秋七月神山西巔起二蛟石裂爲洞皆盈
文

三十二年春黌宮雙竹生冬十月吳淞灘有虎傷人土人逐
之遯至崑山界斃

三十三年歲大稔

三十四年夏大水秋七月有星芒數尺西指至八月而隱

三十七年歲大稔

三十九年秋九月地震冬十月甘露降

四十年歲大稔

四十六年春正月甘露降夏六月朔越十有八日大風雨冬

十二月大雨雹雷

四十七年夏六月地震

四十八年秋七月七寶市河中有蜈蚣數萬隨潮而入居民相戒不敢飲其水

五十年大旱歲歉收

五十一年春正月丙午朔日有食之是年米騰貴每石直五千錢夏大疫

五十二年歲大稔禾秀雙歧冬十二月甘露降三日

五十五年夏四月朔越五日雨雹壞菜麥有大如拳者某村牯牛被擊死

五十八年春河水生蟲色赤狀如蜈蚣長三四寸昏暮始見是年大水棉花一斤直錢一百六十米連歲石皆五千餘文

十二月甲戌夜有聲如雷光如電自箕分至輿鬼而滅蓋天狗也明年白蓮教反

五十九年秋七月壬辰大風雨海溢八月壬申大雨歷十晝夜歲大祲

六十年春東北鄉大饑秋七月癸亥晚有白龍自東北至金澤鎮迤邐而南去地祇三四丈過處屋瓦盡飛

嘉慶元年春正月丙辰丁己雪大寒河冰傷果植及麥

三年春正月五日庚午大寒厨竈皆冰是歲旱

四年秋七月大風雨海溢

七年冬十月縣署災十二月歲除丙寅淫霧四塞

九年春霪雨夏五月雨連旬不止河水溢歲大祲米價石七千是歲周郁濱有七荒詩刪載藝文志集詩餘仿此

十年豆麥不熟閏六月壬午朔蚩尤旗見紫薇垣越日大雨傾翻是夏饑何其偉有溺女行

十二年夏六月大熱秋七月火星見於西方有芒或曰彗也三四夜便滅

十三年春二月三月河水鹹如鹵惟城南塔前水可飲

十四年秋野鶩食稻冬十二月嚴寒澱山湖冰

十五年春正月丁丑落黃沙夏六月丁卯雨雹秋七月壬戌金澤民家生子無耳目口鼻而頭挺一角扣之聲如銅秋大熟穀賤傷農何其偉有米賤謠

十六年夏六月己巳西北有星芒溢三四丈秋八月丁未朔白虹見

十七年秋七月甲午白虹西南環至東北廣五六尺

十八年冬十二月乙未天鼓鳴聲轟轟自上而下是歲十月十一日城中楊尚書第火死者九人

十九年夏旱秋七月徧地生白毛如髮是歲水貴吳門尤甚庶瑩有句云粟一斗錢青蚨五百九水一掬買向街頭八十三

二十三年秋旱

二十四年夏五月城中火延燒七十餘家秋七月戊子黑虹見於西方是歲苦旱

二十五年秋大疫

道光元年夏大疫秋雞翼兩旁生爪

三年春三月霪雨至夏五月方止六月甲辰大雨雹秋七月戊辰大風雨水驟漲一尺甲戌又大風雨禾盡淹民大饑米價騰貴石六千文

四年夏六月彗星見於西方秋大熟
七年冬十二月大雨雪
十一年野鶩食稻
十二年秋歲大稔
十三年秋八月簳山出蛟冬歉收
十四年春饑
十六年連歲大稔米石二千文是歲春正月己丑大雷
十八年冬十二月除夕丁酉大雷電以雨
十九年春正月己亥大雨雪秋九月乙卯地震霪雨禾生耳
二十一年冬霧曉行者帽簷髮際皆成粉綴
二十二年春地震夏四月天矢星見於西南夏五月辛酉英
夷火輪船駛至泖口

二十四年冬十月癸丑夜微雷有電壬戌戌刻地震

二十五年夏五月大雨雹六月辛丑地震己未夜又震

二十六年夏六月乙丑夜半地大震冬十月丁巳又震

二十七年春霖雨旬日夏六月庚申地震衆星隕乙亥大風潮

二十九年夏四月丁卯大雨歷五旬乃止水驟漲丈餘田盡没水之大爲百年所未有六七月夜地屢震秋冬疫民大饑餓殍載道金玉所作樂府見集詩

三十年仍饑米石六千文秋稔

咸豐元年竹有花春正月甲辰夜地震三月大雷夏六月霪雨見雪

二年夏五月地生白毛冬十一月壬子地震

三年春三月辛亥地大震至四日乃止秋七月天矢星見於西北五夜而滅八月乙酉夜月明如晝空中有聲如磨礱然或曰天鼓或曰城愁未幾有土匪之亂

四年冬十一月庚午河水湧突起尺餘壬申天鼓鳴辛卯大震

五年春正月辛酉天雷地震夏麥菜歉收秋大疫九月戊辰天雷地震冬十月戊戌大雷電雨如注辛卯地又震

六年春正月屢雪大者盈尺夏大旱徧地生毛秋七月飛蝗入境岸草竹葉食幾盡不甚傷稻是歲知縣劉郇膏有驅蝗告神文莊世驥有人蝗說諸見集文

七年閏五月既望丙申雨雹秋七月己亥大風雨

八年秋七月甲戌潮日三至

九年春二月戊辰大霧夏六月壬寅夜雪甚寒秋八月己丑
庚寅大雷雨辛酉夜有霜寒如嚴冬
十年春正月陰雨連旬二月庚子復雨至三月丁丑大雪始
晴閏三月乙丑黑虹見天夏五月金星大如鵞子大盈浦東
西兩岸神火周夜不息是年五月粤匪下竄城陷
十一年夏五月癸丑彗星見月餘而滅秋八月丁巳朔日月
合璧五星聯珠甲戌夜墜一大星小星隕如雨冬十一月丁
卯大雷雨十二月庚辰連日大雪積四五尺比年遭亂田荒
不治是歲米價石十二千文
同治元年春正月乙酉雨雪丙戌霧庚寅大霧著草如棉條
日午始散閏八月壬辰大雨雹
二年春二月城鄉鬼嘯

三年春三月庚午地震夏五月乙卯日夜狂風大作
四年夏四月至六月陰雨不止秋七月有大星隕光如月冬
十二月甲辰大霧乙巳猶雷
八年水不爲災
十一年旱秋八月十九日地震有聲似雨降自南而北
十二年又旱皆不爲災惟穀賤傷農云
十三年夏四月乙未大陣雨兼冰雹雹有重至十餘斤者
光緒元年秋八月朔壬寅驟風雨大作潮陡漲傷禾稻木棉
甲戌又雨雷震南門堵
二年秋七月壬午城中火太平橋一帶延燒三十餘家九月
庚辰又火東碼頭上下岸俱燼
三年夏六月丁亥夜地震

于定等修　金咏榴等纂

【民國】青浦縣續志

民国二十三年（1934）刻本

青浦縣續志卷二十三

雜記上

祥異

光緒三年丁丑秋九月戊寅霪雨越五旬冬十一月辛未大雪平地高六尺餘越四日止

四年戊寅春正月至三月霪雨河水溢夏訛傳有翦辮及紙人壓身之異民間徹夜相擾累月始息冬十一月癸丑白虹貫月

五年己卯夏五月至六月不雨冬十一月丁丑虹見

六年庚辰春三月壬申白虹長亙天秋螟冬十月壬戌大寒堅冰舟楫不通者三日

七年辛巳夏六月彗星見東北秋閏七月甲午大風雨海溢

禾棉漂没冬十月壬午虹見十二月辛酉温如暮春是歲疫且饑

八年壬午夏五月霪雨辰山玉皇殿後石裂二十餘丈水如泉涌遠近訛傳出蛟六月乙亥驟冷有雪丙子申刻地震秋七月大疫八月彗星見東南光長數十丈逾月始滅冬十二月癸酉大霧竟日

九年癸未春正月壬辰雷雨自晡至暮夏四月庚午白虹見是月南門萬壽塔火歷三日始熄秋七月大風雨海溢禾棉淹没

十年甲申夏四月乙巳雪五月癸卯颶風泖濱村落民居毁數百人有失蹤者知縣莫葆辰給振并請免災區賦一年秋霪雨歲歉

十一年乙酉春二月甲戌大風雨雹冬十一月乙卯繁星亂流自北至東南終夜有聲是歲大疫

十二年丙戌十一月乙巳小蒸唐家浜村大火延燒農戸七十餘家知縣錢志澄給振上海善士施善昌給農具

十四年戊子夏螟六月彗星見東方

十五年己丑秋七月大疫八月丁亥地震丁酉雨連綿四十餘日不棉腐爛大饑

十七年辛卯春正月戊子白虹見東方秋七月螟壬辰夜降紅雨

十八年壬辰春正月乙丑雷夏秋亢旱饑冬十二月癸亥大雪冱寒泖澱吳淞江凍經旬不解人行冰上有舁綵輿過者

二十年甲午春二月庚午白虹貫日

二十一年乙未春正月甲午地震自東而西乙未夜雷夏六月癸酉太白入月秋大疫九月壬子雨雪天寒戊午地震有聲如雷

二十二年丙申春三月丁巳地震歲大稔

二十三年丁酉秋蝗蝻傷稼

二十四年戊戌春正月乙酉朔日食（日月食均從略此以元旦記之）己酉雷雨夏彗星見冬虹十一月甲午城中大火延燒太平橋南北兩岸燬市廛百餘白鶴江徐姓羊肆宰一母羊腹中有羔首類人

二十五年己亥冬十月丙戌星隕如雨十一月壬申地震十二月戊寅大雪三日平地高數尺

二十六年庚子春三月壬子巳刻晝晦室中非然燭不見物

移時始開朗夏五月癸亥城中火復延燒太平橋兩岸六月庚辰起壬午止亥子之閒地有聲民間訛言邪術翦雞毛秋七月地生毛辛亥太白經天九月己巳朔彗星見東南

二十七年辛丑夏霪雨傷稼歲祲秋八月己酉白虹貫月九月戊寅白虹貫日

二十八年壬寅夏五月丙戌黑虹亙天秋七月癸酉白虹貫日八月大疫棺槥爲空

二十九年癸卯冬十一月珠街鎮大火自轎子灣至埸橋延燒百餘家十二月甲寅白虹亙天

三十年甲辰春正月壬午黑虹見夏六月壬戌黑虹復見冬十二月丙辰白虹貫月

三十一年乙巳夏颶風秋八月癸卯申酉之交黃雲蔽天是

夜大風海溢

三十二年丙午夏五月丁巳颶風拔木覆舟秋大水歲祲米踊貴各鄉多搶米冬十二月庚辰雷

三十三年丁未夏六月甲戌白虹貫日己卯彗星見東北

三十四年戊申夏六月戊寅彗星見東方冬十月丙子白虹貫日

宣統元年己酉夏五月丙辰雨雹大水傷稼六月壬辰白虹見東方秋八月螟歲祲冬十一月丁卯地震

三年辛亥春三月乙丑大風拔木夏五月丙午天鼓鳴地震辛亥白虹見六月彗星見東南秋七月霪雨兼旬河水泛溢禾棉大損米價騰貴石銀十圓許八月太白晝見

（明）陳淵修　（明）都穆纂

【正德】練川圖記

明正德四年（1509）修清吴縣張伯倫抄本

識雜一

元延祐間黄姚鹽場負課甚多一夕海潮暴漲夜有火光熠熠數日鹽色皆變紫釜計之視舊數倍或雜以他鹽亦皆色紫逋課盡償已而復故

元至正二十二年縣民張明二家母猪生象三日而斃

永樂十三年九月二十日午刻縣民周伴叔見空中白氣一道來自西北有聲如雷墜於寳山之南周奔

往視之一黑石耳

景泰六年閏六月十二日晚大風聲吼如雷挾以驟雨拔木壞屋民壓死者甚衆

天順五年七月五日夜海濱風雨大作平地潮湧丈許漂没廬舍死者餘四千人

弘治十一年六月十一日申刻邑中河渠池沼以及井泉悉皆震盪湧高數尺良久乃定

弘治十六年四月邑中桃枝生花如木綿花狀擘之色白而無核

【康熙】嘉定縣志

（清）趙昕修　（清）蘇淵纂

清康熙十二年（1673）刻本

祥異

晉元康中婁人懷瑶家忽聞地中有犬聲視聲發處有竅如螾穴掘入數尺得犬子雌雄各一目猶未開大于常犬哺之能食還置穴中覆之越宿不見尸子曰地中有犬名地狼夏鼎志曰掘地得犬名賈或云犀犬得之者其家富昌瑶家累歲亦無他禍福也

宋嘉熙四年庚子秋七月蝗飛入境不甚傷禾稼是歲亦稔

宋咸淳七年辛未有巨魚乘潮入横瀝河無鱗頭目

口鼻全類象形舁至縣知縣朱象祖以魚犯諱令棄之是歲傷潦按隋書云此魚名建同

元元祐年黃姚鹽場負課甚多一夕海潮驟漲入夜有光熠熠煮鹽皆紫色每鑊視舊獲數倍逋課得償已復白色

至正二年壬子邑民張明二一家母猪生象三日而斃

至正二年一都有二虎爲民害有司移文萬戸府集衆捕之一虎目中矢死其一咆哮夜號若尋偶者迨晩不見

明永樂十三年乙未秋九月江東民見空中白氣一
條自西北來有聲如雷墜於寶山之南里人周伴
叔奔視之乃一黑石
正統二年乙未寶山有虎嚙人事聞詔下襄城伯遣
吳淞所千戶王慶本縣縣丞張鑑往捕殺之鑑有
殺虎行
景泰三年壬申冬大雪凡四十日始霽
六年乙亥閏六月大風雨拔木壞垣
天順五年辛巳秋七月風雨大作平地潮湧丈餘没

死者四千餘人時有羣蛇潮滚觸樹緣木而上

弘治七年甲寅春大塲鎮民李經家雞雛有三足者

十一年戊午夏六月邑中河渠池沼及井泉皆震
盪湧起三尺移時乃定

十六年癸亥夏四月桃枝生華如木棉啓之色白
無核

正德二年丁卯南郊麥秀三岐邑民楊璣獻百穗於
郡守

四年己巳春正月十五日至清明日光摩盪夏地

震有聲海水騰沸遠近驚怖秋七月平地水丈餘
歲大祲
五年庚午夏四月大疫橫屍填河不可以舟歲復
大祲
十年乙亥夏四月有虎突至婁塘北明日至合浦
門外傷人輙逸去
十一年丙子秋七月虎復爲患
十二年丁丑大場有黑鷊立如人形翅廣丈餘
十五年庚辰冬十二月木冰

十六年辛巳春正月朔有白氣橫亘西南長四五丈廣三四尺漸微如線遂没冬十月有大星隕于東南聲如雷

嘉靖元年壬子秋七月大風雨拔木壞民廬舍歲大祲

三年甲申十月十六日龍降東村雷雨大作有聯居三家中一家人產悉拔去不知所向左右二家一無所損一云兄弟三人也中間兄所居左右則二弟也平時兄大不友于弟欲拆去中一間使二

弟各不能居云見羅近峯集
八年己丑夏六月蝗傷稼
十三年甲午冬十月八日夜星隕如雨
十五年丙申夏四月霪雨至六月乃止
十六年丁酉秋八月六日夜天鼓鳴
十八年己亥秋閏七月海水大溢平地湧波三丈
瀕海多坍没蠲糧三千八百餘石歲大祲崇明盜
王祥王艮等相繼爲亂發兵征勦久之始平又大
疫

二十一年壬寅秋七月日食晝晦星見
二十二年癸卯大旱無禾
二十三年甲辰大旱無禾
二十四年乙巳大旱疫溝中死屍相籍
二十八年己酉大旱
二十九年庚戌夏六月十三日有龍鬭于眞如十四日鬭於馬陸十五日復鬭轉之西北一似不敵而墜漸細如繩久之乃滅
三十二年癸丑春三月十五日赤虹抱日是日倭

寇寶山　眞如民金文陞家雌鷄化爲雄

三十三年甲寅春三月地震有白毛出雨後竟夜

長徑三尺夏四月二十三日夜漏二鼓有如日出

高丈餘有頃方墮十一月日月繼食是歲大旱倭

奴入寇

三十四年乙卯夏四月黃家港水赤如血月餘始

復冬十一月雨荳閏十一月地震　寶山人家畜

一鷄拊翼長鳴作人語云燒香望和尚一事兩勾

當倭入陽山燒香後大肆焚掠

三十五年丙辰冬十月天鼓鳴

三十七年戊午有妖人剪紙狐夜入人家傷人或聚水盆照見輙墮境内鳴鉦相儆久之方息

三十八年己未恒暘七月方雨歲大祲米石一兩八錢

三十九年庚申七月有嘉瓜生于丘氏齋園里儒丘集有記漢史一見唐書一見明初一見

四十年辛酉四月大雨十月方霽歲大祲

四十一年壬戌大水

四十三年甲子邑諸生陳其詩家生靈芝光彩五
色
四十四年乙丑海颶爲災
隆慶二年戊辰宦者張進朝誑言選女入宮民間爭
相婚配多至失倫事聞進朝棄市
三年己巳六月東海有大魚見背高如山目光如
日不竟其尾數日而没已而海潮漲東鄉大災歲
祲是年海潮凡三溢
六年壬申六月龍見于北郊色黑大風雨壞民廬

舍俄而溝洫盡涸

萬曆三年乙亥大水疫

七年巳卯海颶爲災大疫冬十月四日竝出晡時

輙相摩盪匝月方止

十年壬午颶風海溢民多溺死與嘉靖壬午年同

十一年癸未正月大疫

十三年乙酉颶風海溢

十五年丁亥正月木冰秋大水歲祲

十六年戊子大旱大祲大疫石米一兩八錢民猶

饑死

十七年巳丑大旱如焚

十九年辛卯七月十八日海潮漲水高一丈四五尺淹死無數次日訛傳倭登岸人民奔竄城門晝閉相蹈藉多溺死者

二十一年癸巳大水

二十四年丙申水溢歲祲棉花歉者畝不及半觔

二十五年丁酉八月水泉湧溢

二十六年戊戌寶山所得水獸馬首鹿角蹄如牛

色深青

二十八年庚子九月地震自西北至於東南

三十年壬寅邑南鄙麥秀兩岐

三十二年甲辰七月雷擊安亭菩提寺十一月地震有聲自西北至於東南

三十三年乙巳二月初大雪三日始霽

三十六年戊申自四月至于五月大雨四十七日後平地成海行船者無河道可循二麥俱爛

三十七年己酉五月大疫八月大水

三十九年辛亥大水

四十年丙辰歲祲

四十五年丁巳秋七月夜半後南天有白氣上衝長數丈廣數尺頭銳而東指狀如刀月餘而滅

四十六年戊午正月十日大雪夏二十四都蟹穴中血流五里

四十八年庚申五月初三日鬨傳四都小民小阿三生子時莆田卓邁爲令欲聞之於朝而疑其僞召而痛懲之衆人遂訛言朝廷將勅此一方民居

民爭逃竄北渡劉河風猛潮急溺死男婦六十七
人時七月也是歲八月中日光摩盪月餘而止是
年米石一兩八錢自後米無歲不貴
天啓二年壬戌合浦門外雨血八月初四夜西方金
星自南入月及月沒不見其出
三年癸亥三月十三日地震有白毛出十二月二
十一日復大震自西北至於東南其聲如雷
四年甲子元旦城隍廟災夏大水龍見於江灣九
都鱗甲頭角俱露

六年丙寅七月一日大風雨拔木壞垣海潮溢大
浸
七年九月吳淞北門有遊兵佘勝家鷄作人言云
旱也殺晚也殺橫豎要殺其妻殺之投于厠
崇禎元年戊辰冬至前一日有龍數十餘見于東海
二年己巳正月四日復有龍見五月至八月大水
七次六月初三八月初一海潮溢民多溺死十月
中大場北居民沈氏家聞地下有聲掘出得二犬
子雌雄各一

三年庚午春米麥荳價俱貴棉布獨賤紡織之家多食糠粃

十一年戊寅飛蝗滿野

十四年辛巳正月六日大雷電雨四月不雨至於七月水涸河底鑿井不得泉飛蝗蔽天七月二十九夜黃渡鎮大雨及明蝗積數寸厚已又生五色蟲如蠶狀覩人若怒捉之觸手皆爛食苗棉葉俱盡冬米價湧貴巨猾復謠傳改兌以震民心人皆惶駭

十五年壬午春大疫米石銀二兩不數日至石五兩麥石二兩人皆食糠秕糠盡皆食麩麩盡食榆皮草根甚至將死之人割其肉食之官不能禁也復大疫僵屍塡溝塞道四郊掘坎不暇掩埒蘇理平湖倪長玗來攝嘉篆大捐俸貲按戶分給錢米民用少甦邑人嚴衍有巳午嘆

十七年甲申五月初十日江東八都瞿氏當門土裂迸血數刻餘方止宅旁枯楊當晝火炎六月聞國變逆奴搆亂始自瞿僕禍延淞右四五十里之

內羣起弑逆刼契焚盧及嘉上兩城六月十日兵備使江西程峋捕首惡十六人伏誅乃定是午五色雲見

國朝

順治二年乙酉六月十五夜衆星南流月食既

四年大祲米每石五兩

五年戊子夏大雨雷擊人牛至死是日城中有赤氣綿亘東門外又廣福降巨人長丈餘身首皆赤逐之二三里乃滅

六年巳丑春正月壬中大雷電雨雹雷擊人物所
傷甚衆三月戊寅大雷
八年辛卯二月十八日雷雨晝晦行者以火夏大
水大饑
十一年甲午五月旱六月二十一日大風雨海溢
平地水深丈餘吳淞城内官廨民房盡坍壞沿海
人民溺死無數
十二年乙未十二月初一至十五奇寒河氷澈底
十三年丙申哄傳選女民間配合失倫事後有抱

恨自裁者

十四年丁酉夏大雷雨明倫堂鼓自移儒學門外六月六日東里雄鷄生一卵二十一日隣家一雌鷄冠漸平亦生一卵

十五年戊戌八月初九風雨兩晝夜平地水深二尺二十二日未刻地震九月初七十月初一復巨浸

十六年巳亥春正月龍見三次霾雨六十日二月二十九夜鬼嘯遍鄉城三月東南境有烏數千嘗

巢高數尺四面皆有戸牖如城闉狀土人毀其巢得柴三百擔明日復營此所謂烏城也其兆兵至
元七年冬嘉禾城西亦有之
十七年庚子九月五日江東二十七啚有虎噬豚犬至黄家灣傷人數日後不見
縣之東城金氏園有蜂營巨巢大如數斗米甕
十八年辛丑六月五日民家門戸遍朱白書或直或曲或鈎圈或字形符像花草雲物種種有之拭之不滅或愈加著現一夕滿城皆有海寇入江時

揚州亦有此兆

康熙元年壬寅七夕雨竟夜棉蒂盡落

三年甲辰七月二十九日海潮泛溢五晝夜不退人廬漂蕩沿海民皆溺死十月彗星見于南自翼軫西行抵婁宿經十三宿凡五十餘日而滅

四年乙巳二月彗星復見夏秋恒震雷擊人秋有虎見于眞如鄉逐之不獲海嘯水入吳淞城水深五六尺次日方退歲大祲知縣余敏報荒數請蠲田賦十萬有奇

七年戊申二月天槍星見於西方指參井之交五
月太白經天六月太白晝見十七日地大動門壁
皆震搖
九年庚戌夏五月初二日至二十日恒雨城內外
一望如海海潮復汎水爲西流萬曆戊申水淹城
闉是年水直至縣治災爲甚月餘水少退秋七月
風大作海潮東溢太湖西汎平地驟水四五尺民
多溺死歲大祲吳地災祥他邑若水嘉獨若旱茲
亦患水禍者非常溢也水利之修自不可緩

十年辛亥六月十二至二十日颶風連九晝夜潮大溢棉多損九月二十七日將暮虹見㸒風驟雨棉窠盡落存者亦竟冬不開剖視之如漬明年春民大饑知縣趙昕設賑局二十有二所自正月十九日起至四月初十止共用米四千六百四十七石賑濟饑民男婦共九十七萬一千八百七十九名口

十一年壬子七月大雨雹八月二十日地動自西北至東南二十二日夜分大雷電連閃不息江灣

居民見空中二燈前導一神緋衣乘龍甲士數十人後隨燈時高時下里中人皆見有頃神繞一新搆火之兩隣無損明晨視燈低處棉禾皆壞新搆若無恙

休咎之徵各以類至雖羽毛鱗甲之細無不與天地之氣相應然徵之人事有驗有不驗豈與立夫所謂天自天人自人不相與耶夫天不能逐逐焉日以告諸人而人當有畏天之意保章掌天星終之曰詔救政訪序事誠弭災之道也水旱凶札雖

屢書焉可矣禹航趙昕識

【光緒】嘉定縣志

（清）程其珏修　（清）楊震福等纂

清光緒八年（1882）刻本

禨祥

吳建興二年有大鳥五見於春申鄉即今守信鄉周末春申鄉不專指吾邑一隅自秦建郡縣歷漢迄梁皆因之而吾鄉猶沿春申之稱吳志不曰見於婁縣而曰見於春申鄉知在吾邑境內

宋嘉熙四年七月大旱八月蝗食疏稻木葉屋茅歲仍稔

咸淳七年大水吳淞有巨魚乘潮入橫瀝長丈餘無鱗色紫白頭目口鼻如象土人舁至縣知縣朱象祖令棄之○魚名建同見隋書

元至元二十三年八月霪雨

元貞二年七月大雨雹暴雨海溢

大德二年七月大水歲祲

七年七月霪雨

十年大風雨雹蟹食稻穀殆盡

十一年大饑

延祐七年大旱

袁介踏災行有一老翁如病起破衲藍衫瘦如鬼曉來扶向官道旁哀告行人乞錢米時予奉檄離江城邂逅一見憐其貧倒囊贈與五升米試問何故爲窮民老翁答言聽我語吾是東鄉李福五我家無本爲經商只種官田三十畝延祐七年三月初賣衣買得犁與鋤朝耕暮耘受辛苦要還私債輸官租誰知六月至七月雨水絕無湖又竭欲求一點半點水卻比農夫眼中血滔滔黃浦如溝渠農夫爭水如爭珠數車相接接不到稻田一旦如沙塗官司八月受災狀我恐徵糧喫官棒相隨鄉里去告災十石官糧望全放當年隔岸分吉凶高田盡荒低田豐縣官不見高田旱將謂亦與低田同文字下鄉如火速偏我將田都首伏只因嗔我不肯首卻把

我田批作熟太平九月開蚤倉主首貧乏無可償阿孫賣與運糧戶即日不知在何處可憐阿惜猶未笄嫁向湖州山裏去我今年已七十奇飢無口食寒無衣東求西乞度殘喘無因蚤向黃泉歸旋言旋拭腮邊淚我忽驚慚汗沾背老翁老翁勿復言我是今年檢田吏

元統二年四月大水

至元二年旱大饑自春至秋無雨

三年五月民訛言訛傳采童男女入宮一時婚嫁殆盡

至正二年豬生象生張明二家三日而斃十月一都有虎萬戶府捕之一虎中矢死一逸去

明洪武十一年五月大水七月四日颶風海溢人廬漂沒

十五年歲祲

十八年犬妖二十二都民家犬生一小兒

二十三年七月朔颶風漂溺人廬無算

永樂三年六月霪雨高原水數尺窪下丈餘歲祲

十三年九月二十日隕石民周伴叔見空中白氣來自西北有聲如雷墜寶山之南往視之黑石也

正統二年寶山有虎傷六十五人詔襄城伯李隆遣吳淞千戶王慶縣丞張鑑捕之

景泰三年冬大雪四十日始霽

六年閏六月十二日大風雨聲如雷拔木壞屋民死甚衆

天順五年七月十五日夜大風雨潮溢平地丈餘人廬漂沒死者四千餘人

成化十七年春夏旱七月大風雨歲大祲

黃顙踏車行踏車踏車聲咿啞老農力疲雙眼花炎炎火日上炙背血汗下滴沾泥沙東溝水乾潮信窄移車且向西濱踏西疇力灌水未盈回視東疇已龜拆歸來辛苦脣吻焦渴心飲水飢復枵青蔾藉身纔好眠又被

雞聲催接淵呼兒急起搬車走婦饁晨炊女提酒如此勤勞幸有秋顆粒何曾先到口簸秕去穀屑穅稻輸納上倉渾似泥老翁夜歸語老婦了御官租甘受飢

十九年正月七日夜雨木冰如纓絡寶幢形

二十年民訛言有物入民家遺之如魘咸鳴金擊柝警守達旦

二十一年華亭涇李氏緡錢飛出未久家破

二十三年義官葛名五世同堂年九十子四人璠以義行拜冠帶孫十三人鏞舉進士曾孫十六人元孫九人

宏治七年大場民李經家雞雛生三足

八年五月大水

十年冬草木華

十一年六月十一日申刻水湧河渠池沼井泉湧起三尺

十二年七月朔海潮赤潮退沙土朱殷

十六年四月桃生華狀似棉花色白無核六月旱

正德元年高逕王氏蔬園産嘉瓜二瓜同蒂者四三瓜同蒂五瓜同蒂者各一

二年夏麥秀三歧南鄉民楊撰獻百穗於郡守

三年沙岡民家犬與羔豚相乳六月雨雹

四年六月地震海水沸七月六日大雨凡五晝夜平地水丈餘歲大祲

五年雄雞生卵生城中陳常家大如雀四月大疫橫尸比戶十室八空秋大雨歲祲

七年旱

十年四月有虎正統時吳塘西窰墩獲虎子改名虎墩其地在陳逕徐港逕之間至是又自虎墩至

婁塘永壽寺旁明日至西門傷四五人逸去嘉靖初又從虎墩至婁塘被居民射殺

十二年有黑雕翅廣丈餘立如人形被大場里民拘殺

十四年八月大水

嘉靖元年七月十三日龍見沙岡墩西掉尾成池二十五日大風雨海溢民壓溺死者無算

三年十月十六日龍壞民居有兄弟三人聯居中爲兄室兄素不友人屋悉拔去左右無損歲大祲

七年旱歲祲

八年六月蝗西鄉邱塘屋柱中聞蛢鳴乾坤變異錄宮室無故有聲主家亾依塘有罪逐婦出奔

十五年十五都民朱鉦百歲四月霪雨至六月止

十八年閏七月三日颶風海溢水湧三丈漂溺人廬無算大疫大祲

二十二年夏大旱無禾

二十三年夏大旱無禾

二十四年夏大旱疫

二十八年夏大旱

二十九年邑民錢鏐百歲六月十三日龍鬬於眞如十四日鬬於馬陸明日復鬬

三十一年雞妖高橋鎮民家雞作人言云燒香望和尚一事兩勾當後倭至羊山燒香大肆焚掠

三十二年雞妖眞如民周文陞家雌雞化雄

三十三年三月地震生白毛長三尺四月至七月大旱七月十二日大風拔木禾盡偃

三十四年四月十八日八都黃家港水赤如血長丈餘廣六尺逾月復故

十一月雨豆似赤豆而小味辛色微紅 閏十一月地震

三十七年民訛言有妖人翦紙如人形夜入民家傷人水盆中照見輒墮民鳴鉦相儆久之方息

三十八年夏旱

三十九年七月婁逕邱氏圃生嘉瓜邱集有記

四十年霪雨自四月至十月 六月十日方泰大風拔木歲大祲

四十一年大水疫

四十四年颶風海溢

隆慶二年民訛言大監張進朝謬傳選女入宮民間婚配殆盡事聞誅進朝

三年春高逕王氏池水溢高與簷齊 六月巨魚見海上背高如山目光如日 龍見北鄉壞民居一時溝洫盡涸 秋海水三溢歲祲

六年龍見北門外大風雨壞廬舍

萬歷三年大水疫

七年七月颶風大疫

十年七月颶風海溢漂溺人廬無算

十一年正月大疫

十三年颶風海溢

十五年五月大雨無麥秋颶風海溢無禾

十六年春霪雨秋大旱疫歲大祲

十七年四月至八月不雨歲大祲

十九年七月十八日海溢民多淹溺次日民訛言訛傳倭至民奔竄蹂踐死

二十一年大水

二十四年水溢歲祲畝收棉花不及半斤

二十五年八月水泉湧溢

二十六年寶山獲水獸馬首兎角牛蹄色深青

二十七年棉花大稔一株有重二十兩者一畝可四百斤

二十八年九月地震自西北至東南

三十年南鄉民田麥秀兩岐

三十一年歲大稔畝收棉花三四百斤

三十二年四都民薛錦百有一歲七月雷震菩提寺十一月九日地震有聲自西北至東南鹽鐵塘西鋤地得龍鱗大如瓦

三十三年二月大雪凡三日自三月至七月不雨

三十六年四月至五月大雨凡四十七日平地成河

三十七年五月大疫八月大水

三十九年六月大水龍鬬於黃渡浦

（知縣陳一元即事）海上耕耘邑輸將恃有年如何梅雨漲乃在麥秋前浪擁失高隴潮平接遠天余慚忝牧者一望一漪漣

四十年歲祲

四十六年正月十日大雪夏二十四都蠏穴流血

四十八年七月四都民訛言吳小阿三家貧無妻一日遺米於河浮來一物大如雞子剖視一類胡桃食之腹痛飲水即已腹漸大歲餘復痛腹裂墮一孩此蓋楊慎所謂吉吊龍精所化也五月三日傳聞到縣知縣卓邁疑其僞召愬之民遂訛言將剿此一方北竄渡劉河溺死六十七人歲大祲

婁塘鄉飲賓韓築年百歲築字小山○事在萬歷間年失考

天啟二年西門外雨血

三年三月十三日地震十六日復震生白毛十二月二十一日大震自西北至東南聲如雷雙墩廟周氏瓜田中掘得幺犬五尋失所在西家庫民家開千葉棉花蒂如蓮一朵二十二囊好事者繪爲圖

四年正月朔城隍祠災五月霪雨龍見江灣

五年沙岡有虎鄉人以利刃刺之傷三四人從大霧中西南去雞妖東北境民鄒氏殺雞得一小兒長三寸餘

六年七月朔大風雨凡四晝夜海溢歲大祲十二月大雪深五尺許

七年九月雞妖吳淞游兵余勝家雞作人言云蛋也殺晩也殺橫豎要殺

崇禎元年冬至前一日龍見於東海凡數十

二年正月四日龍見於東海六月三日七月二日八月朔

海三溢漂溺人廬十月地中生犬大場北民家闊地下有犬聲掘之雌雄各一

三年春大饑民食稼秕

五年五月大旱六月大風拔木

七年七月螟食稻葉後盡八月七日采淘港吳淞江劉家河一日三潮明初港中有大蚌萬歷間漸移至海珠光燭天蛟龍攫之不能得至是海濱民陳冬見蒼蚌數十吸水見底者三有大蚌噴泥沫數百丈驅之諸龍不敢攫而去十二日颶風大雨

八年七月大雨雹

十年有男子生一男綏寇紀略作十五年

十一年夏旱蝗吳塘橋蔡姓產一子兩首一手三指

十四年正月六日大雷電雨自四月至七月不雨河底掘井不得水七月飛蝗蔽天二十九日夜黃渡大雨及晨蝗積數寸已又生五色蟲狀如蠶覩人若怒

觸手皆爛食苗棉葉殆盡

十五年春大疫

十七年五月十日八都瞿氏土裂出血枯楊自焚逆奴之變瞿氏首被其禍

六月十七日薄暮羅店民家犬升屋時羅店集鄉兵里人朱奇馬胡等歃血誓眾翼日戰敗

國朝順治二年春民婦一產三男凡二家

四年春霪雨歲大祲石米五兩

五年廣福巨人見長丈餘身首皆赤眾逐之二三里始滅夏大雨

六年正月大雨雹

八年二月十八日雷雨晝晦行者以火夏大水

十一年正月霪雨凡六十日六月二十一日大風雨海溢人廬漂沒

無筭哭訟官民舍悉傾七月大雨雹

十三年民訛言訛傳採選嫁娶紛紛

十四年雞妖東岐民家雄雞生卵六月四日鼓妖時按院馬駐節明倫堂設鼓棚於石閣內是夜大雷雨鼓移閣外

十五年八月九日大水平地二尺二十二日地震

十六年正月龍見凡三次霪雨凡六十日二月二十九日夜鬼嘯

東南鄉烏營巨巢如城闉土人毀之約柴三百擔所謂烏城也

十七年九月五日八都有虎噬豚犬至黃家瀉傷人逸去東城金氏園

蜂營巨巢大數斗

十八年正月龍見凡二次二月霪雨六月五日夜比戶有朱

白至跡或直或曲或鉤或字形符篆花草雲物之狀自五月至七月不雨無

禾

康熙三年旱七月二十九日海溢〔五晝夜不退海濱人盡漂沒〕歲祲

四年秋眞如有虎〔逐之不獲〕七月旱颶風海溢〔吳淞城水六七尺〕歲大祲

五年龍蚌鬬於海〔寶山民見一蚌長三丈許中銜一珠方五龍攫之一白龍被嚙良久始釋〕

綦王氏園中筍茁兩歧

七年五月十七日地大震

九年五月霪雨〔水至縣治〕秋颶風海溢歲大祲

〔楊志達水災紀略海濱赤子盡爲魚幸得攀援樹上栖雨打風吹晝猶夜茫茫水面一鳧鷖〕

十年五月至八月不雨六月颶風〔九晝夜〕九月二十七日大風雨〔棉花鈴盡廢〕歲大祲

十一年七月大雨雹旱八月二十日地震自西北至東南二十二日夜江灣見神燈雷電中一緋衣神乘龍從甲士數十二燈前導時高時下有頃火一新構明晨視燈低處花禾盡壞新構無恙

十二年十月紀王鎮西掘地得龍頭

十三年二月李生王瓜六月龍見十七日大風八月八都有海犀大倍於牯高如駝角長四五尺逐之入海十月霪雨十二月八日野鴟數百啄縣署鵝鴨

十四年雞妖東城雄雞生卵者二家四月二十日嚴霜

十五年冬虬江有虎傷數人官兵逐之不知所往汪价詩望河草渡事何神問爾奚爲踞海濱須東爪牙莫肆毒人今輕去已無鄰

十六年正月朔震雷自四鼓達旦大雨雪五月三日雨冰

十七年五月三日雪大旱歲祲

十八年夏旱八月蝗二十日雨絮大者形如蝗歲祲

十九年夏秋霪雨花豆皆腐大疫

二十年有大鳥集黃渡西羅家宅竹林羣鳥千百護之數月始散八月

有巨魚入吳淞江至黃渡

范逸詩昨夜吳江驟雨來白波連屋浪奔雷長鯨誰遣乘風至潮落空江任暴腮

二十三年棉花大稔九月廣福有虎傷一民一僧逸去民訛言訛傳

五通神爲祟行道者或從背後呼其名應之輒仆以康熙錢幕有福字者鎮之則無害

二十五年夏大風拔木吹倒黃渡東渡橋橋石飛落許家郁

二十六年七月大雷電颶風

三十一年十一月民訛言訛傳採選配偶失序諭禁不止

三十二年夏大旱（鹽鐵練祁俱涸）歲祲

三十三年夏大水歲祲

三十四年春夏霪雨無麥七月有巨魚鬭於海（聲如雷其一死流入小練祁虎首人身長丈餘腥聞數里）歲祲

三十五年六月朔颶風海濱平地水一丈四五尺漂沒廬舍溺死萬七千餘人（有老夫婦止一幼子任小房一間獨無恙）七月大雨十月梅海棠華大疫歲大祲

三十六年春夏大疫

三十七年四月二十四日紀王鎮雨雹大如斗

三十八年八月二十日雨絮（大者形如蝶）

四十一年五月海溢秋甘露降黃渡江灣

（知縣王樵海坍謠）五月十五東風起我向沿邊看海水邊民爲我愬顛連我爲邊民嗟餘止茅廬咫尺是蒼茫

朝宗萬派雄如駛，一潮一汐往來間。日傍月削誠無已，誰云滄海復桑田。但見桑田沈海底，憶自康熙十九年。舒賦除田千萬矣，即今坍有十餘年。廬舍即墟安可紀，按籍施弓不可求。冊形邱勢難比擬，就巾豈無半畝禾。勤農拚此供波靡，一間履畝勘真荒。須與無計罔遠徙，沿海災區欲揠苗。刈此木棉成荒鄙，冀得豁除尺寸區。以爲風濤之一抵，嗟哉鑒此苦情形。溫言化導何必術，方今 聖主邺民艱。歲蠲正賦真淪藹，其如海若轉猖狂。坤維震撼終何禆，從來有土此有財。無土將焉有婦子，頒賦豈能問水濱。勸稼何由施耘耔，不與海水爭旦夕。雖爲窮壤圖倍蓰，潮頭暫退且施弓。真荒一真熟須可指，歸來傍晚宿田間。農人爲我話桑梓，此問一碑近百年。昔日離海三十里，請君試看幾何程。可知坍勢從何始，君不見吳淞城外舊城斜。半在泥中半在沙，此足東南一故壘。昔年燦火今蘆花。

四十四年夏旱，七月颶風海溢，牛妖。大場民家牛病且死，殺之得一小兒，重二十七斤。歲大祲。

四十六年夏六旱，十一月二十五日民訛言。閩傳海寇至，民爭遷徙，知

縣馮聯芳捕數人下獄乃定

歲祲

四十七年四月十日大雨凡三十七日 五月十七日地震自西至東聲如雷 無麥

四十八年夏疫雞妖羅店民家雌雞化雄紀王鎮金姓網得三足蛙傳說三日曾雷震遂不見 九月紀王鎮邢爾超家牡丹盛開枯竹復生

四十九年八月二十五日夜忠孝祠旁火延燒七十餘家祠獨不燬

〔王晦紀災〕歲紀庚寅八月杪門外催租聲未了忽驚烈焰自西來昏黑光同白日晈萬瓦紛紛赤烏飛半空灼灼朱旂繞縣官下拜部民呼竟夕喧騰直接曉此方換滅彼役張高樓頃刻餘頹牆提兒挈女向隣比湫前還御如跛鮮焦頭爛額顧巢穴點者攫取空資囊昆兩玉石那可辨城門延及池魚殃可憐鬬鬬遭回祿甯兒戕息貧兒哭只有巋然忠孝祠星星不到三間屋檐楹如故俎豆陳千秋正氣天使獨此如秦火焚羣書孔壁儼

存薛蔚饋君不見新葬之頭蓮卓爵等開一炬燒成泥

五十二年夏雷震金沙塔先是民謠曰雷震金沙塔今科出狀元至秋果驗

五十三年十二月大熱初三日震電

五十四年春夏霪雨六月二十八日雨雹七月二日颶風

海溢歲祲

五十六年夏介蟲食樹葉大如蠶豆色黑腹微黃質堅形渾日出不見雨月始止

五十七年四月紀王鎮民田麥秀三岐五月海中蟻團結

丈餘入吳淞江風浪衝擊不散大者徑寸七月二十日颶風八月大

雨歲祲十二月大雨雪深四尺

六十年夏秋大旱歲祲

〔知縣劉昆屑謁海神廟借潮〕東望滄溟海若宮萬家呼籲一誠通未驚濁浪滔天湧剎聽狂風解樹雄奪目

看玉女電愁心又露美人虹可能大澤邀雲足魁切潮頭爲遠空

六十一年二月十二日一日三潮夏大旱

雍正元年秋大旱歲祲

二年七月螟螣十八日颶風大雨海溢人廬漂沒棉花浥爛冬至日婁塘何定揚家雪中開牡丹歲祲

三年七月二十四日雨雪水冰十二月十五日雷電

四年八月霪雨穀腐冬大水巨雀集西城釣橋北張宅萬雀隨之

六年八月螟

七年婁塘民田生嘉禾一莖八穗雞妖更鏞橋民家雄雞生卵

八年春大疫

九年六月八日龍見沙灘橋壞屋

十年七月十四日龍見十六日夜颶風海溢內地水高丈餘東北境漂没民廬渰死無算十八日風雨始息數日水退知縣江之煒捐掩積屍歲大祲

十一年夏疫六月旱秋大水歲大祲

乾隆元年民楊炯生妻施氏百有一歲歲大稔

二年婁塘何璸成家生巨菜菜大如蕉高出檐際

六年婁塘節婦潘國珪妻費氏百歲

八年海溢平地水丈餘

九年秋颶風海溢

十年雞妖黄渡芬氏雞作人言云大家要活命以爲不祥殺之未幾獄訟破家七月龍見

十一年正月木疥如纓絡六月十四日雪

十二年七月海溢

十三年四月十五日大雨雹高涇最甚大如斗

十四年夏秋大疫

十六年有虎自外岡至安亭殺一人傷一人六月二十三日城隍祠後堂

寢宮庫房災

十七年四月四日地震六月龍見高涇龍尾一掉水從平地起半空如朋河

十八年八月有巨魚入吳淞江過黃渡東江橋橋爲之震

十九年秋螟

二十年六月大水秋大旱九月十七日龍見自東來至南翔黑蟲

蔽天嚙禾根盡死歲大祲

（張錫爵愁霖行）乙亥之歲六月中愁霖不絕天晦霧白蹢涉波月離畢黑蜧頻躍魚喚偶渾疑女媧石補處歲

久坼裂流淙淙新秧淹死吉貝漂中田蕩汩無衡縱兆聞陞平之世不破塊甘澤時沛無愆忒何爲陰霾當火

令空階點點滴入愁人胸小民淫侈召殃旹沴褫示譴豈夢夢我爲作詩警頑聾俾滌瑕垢義之從撥雲舒日光靈西成無恙看年豐

二十一年春大疫十二月朔地大震

二十三年雞妖外岡民家雄雞生卵　黃渡雨雹秋颶風海溢

二十四年七月稻生小蟲

二十五年夏龍見場頭鄉繞民廬不壞

二十六年吳淞江岸有虎或云鯊魚所化自海上來循吳淞江而西宵行晝伏匿安亭永懷寺佛廬後鄉人胡某搏之被害虎亦受傷死泗江弁蔣彝上臺賞錦袍

張承先刺虎行平原忽爾羶風起白額東來磨牙齒無知牧兒沒其鋒七尺須臾裹創死胡郎氣猶不顧悚手握丈八瞋目呼飛槍直刺貫項頷倏燕一片血模糊垂艷跑哮三跳舞奮怒撲人翻倒豎斯人力竭命如絲撓首腰傷痛纏臃逾時虎死深林中武弁走馬聲沖沖目觀死虎猶戰慄自謝除害吾之功將獻上官受上賞不

及提槍折臂公

二十七年七月大水北門不開

二十九年五月十八日地震安亭民家兒暴長生八月重八十斤

三十一年正月二十五日雲翔寺天王殿災

三十三年四月木犀臘梅盛開

三十五年六月錢門塘地震

三十七年六月南翔西伐字圩螢光如火城南北三四里內其光燭天五日方滅

三十九年錢門塘民衛明德年百歲

四十年民訛言黃渡千秋橋告成之夕有物壓人如魘咸鳴金擊柝警守達旦

四十七年十二月甘露降望仙橋鎮

四十八年颶風海溢

五十年夏大旱

五十三年三月八日城隍祠大堂災神祇側有范純碑記云天順二年三月初八日鳩工成毀月日相符

五十五年五月大雨雹壞民廬牛有擊死者七月大風南橫瀝一舟吹起半空落金黃橋田間舟中人物皆無損

費棻詩庚戌五月有四日晨曦初照漫天赤炎炎酷熱日方中汗下如雨流盈額忽聞聲自東北來轟轟烈烈皆發雷震雲際合天垂墨陡然雨雹降奇災大如車輪小拳石破屋折棟穿牆壁擊水鬨鬨澎湃聲撼地躍起二三尺撓如海若湧怒潮銀濤雪浪翻青霄又如風伯吹萬竅飛沙走石恣狂颷自未至申雨漸足徧地崎嶇堆白玉雪海冰山未足多炎天頓變嚴寒局更有奇觀銖水東冰輪飛落碧池中出水丈餘還廿尺造化變幻何無窮遙看綠野漸漸麥萬馬踐躪無粒獲行人額手血涔涔牛背折傷還裂革是歲麥秋望有年郁郁賽社

日向陽流如天降奇災月正在歌臺奏管弦

五十六年秋南鄉民田禾秀兩歧

五十七年七月二十日夜鹹雨損秋苗

五十八年龍見婁塘凡六

五十九年七月七日大風雨海溢八月十八日大雨凡十晝夜

歲大祲

六十年春疫

嘉慶元年安亭婁塘民家天方麥成實如鳥獸龍蛇人物象五色備具

三年八月婁塘有蚌異萬安橋三里內產蚌無數數十漁舟撈之不見少半月後忽絕

四年橫涇民家雞生四足夏龍見費家邨攝舟雲際壁地兩截

八年民錢永輝妻徐氏百有三歲顧浦東岸民掘地得二犬雌雄各一頭蒙巾旋失所在尸子云名地狼夏鼎志曰名賈

九年邑民黄道生妻熊氏百有二歲三月二十日隕霜四月至五月大水潸二圖地有聲如牛止月餘九月雙墩周氏瓜田中得犬五旋不見陳詩庭詩螟殘一色訖雙扉萬頃黄雲穗已非青女姦禍迎夏拜板橋跡是送春歸共言三月房星見誰道中天殺氣飛楊梯陰中尋伴侶冰肌起栗欲添衣

十年秋霪雨歲祲

十一年春疫

十二年六月龍見浦家港壞民廬舍有卷入空中者

十九年夏地生白毛長者尺許自五月至七月不雨歲大祲

二十一年大疫有全家殁者

二十三年五月二日雷震黃渡城隍行祠秋旱

二十五年秋大疫

道光元年秋大疫手足麻木筋脈癵縮俗名絜蟄瘟或一家死二三人死者身有紅印云

雞妖翼忽生爪錢門塘西毛氏殺[illegible]雞腹中有一嬰兒長數寸

三年夏大雨自四月至五月平地水高三四尺及六七尺不等秧死重蒔或補種赤菉諸豆六月二十七日大風雨秧種仍淹死七月七日大雨凡兩日夜

八月九日大風又陰雨浹旬木棉腐落十二月二十六日大霧木冰竹木間結冰下垂如筯長二三寸或云即木介犬妖錢門塘王氏地中有犬聲月餘掘之得犬子三

四年徐公浦西民王福昌五世同堂年九十餘親見七代知縣淡春臺給七葉衍祥額

七年二月陰燐見黃渡以千百計居人燃炬鳴鉦逐之

八年牛妖錢門塘張某家牛生一子六足二足在後足之間一俯一仰長尺許踰年斃

十年歲祲

十二年八月大風潮

十三年八月大風潮歲祲

十八年二月初十日豬妖牛角尖湯姓殺豬得腰子一枚重三斤十二兩五人食之三人死二人病十二月除夕大雷電以雨

十九年正月三日大雪八月蝗

二十年七月民訛言訛傳妖人使紙人翦雞毛割小兒腎囊須束紅肚兜禦之云

二十一年十一月大雪

二十二年　恩賜七品頂戴鄉飲賓陳文揚年九十七歲

凡九十六歲以上例得計閏題建百歲坊故錄○文揚皇十四圖人五月十二日地震

二十四年十月二十三日地震安亭民家豬生象色白尋死

二十五年大雨雹

二十六年有大雀集西城陳氏廢園大如鵝羣雀護之萬計六月十三日丑刻地大震十月五日亥刻又震

二十七年春霪雨四月厰頭錢氏豬生異獸色白兩耳有泡豕長微鉤或云象也不剝其皮將嗅脹死競揮以刀誤傷要害遂斃六月十三日地震二十八日颶風九月梅生華

二十八年六月二十日颶風大雨拔木壞屋

二十九年四月霪雨自二十九日起凡六十日八月龍見北鄉歲大祲

咸豐元年正月十七夜子刻地震黃渡民徐某婦一產三

男

二年五月地生毛長數寸西瓜中産蛇十一月二日戌刻地大震從東北至西南自後連日微震

三年三月七日亥刻地大震自後連日微震凡十八次四月十七日戌刻又震六月雨豆色黑小如菉豆地生毛長二三寸極細七月二十五日黎明大風拔木沿海居民望見六龍交鬬是日海潮三至十月河水沸十一月冬至日水溢是年城西民婦産一男一手三眼

四年三月二十七日未刻水泣七月地震十月七日大雷雨十一月五日水溢地震十二月南門外顧姓麪坊內地中噴水赤如血高三尺餘

五年秋大疫十二月十二日地震

六年四月四日粉蜨蔽天自西南來夏大旱東北尤甚鄉地生毛秋蝗食稼竹葉被嚙者竹立死城河水漲羣魚結隊西行三日方盡

七年八月颶風大雨

八年四月十五日鹹雨蝗蝻俱死

九年西城下獲麂似鹿無角四月十八日紅雨六月四日微雪蝴蜨自城牆出民謠曰蝴蜨飛過牆定作戰場明年竟驗嘉八月二十四日隕霜殺草十二月十八日卯刻城隍祠東鼓亭發大聲三占者曰兵象也君子聽鼓鼙之聲則思將帥之臣

十年三月十三日雨雪深寸餘十四日清明城隍神典祭神像流汗閏三月二日雨水赤如血雨豆色微黃形似人面立夏日寒四月鼠妖千百成羣出東關五月十六日縣堂災時紹勇宿大堂

見老人負擔出詰之日署有災當遷於小武當其行如飛瞬息不見

十一年十二月大雪二十六日起三十日止

同治元年二月十八日曹王廟趙姓家母豬生象雌雄各一兩齒外露長三寸許尋死　五月大疫八月大雨雹

二年二月大疫十月陰燐見鹽鐵塘隱隱有人馬旌旗儀形　夏河水生五色蟲形似蛇長五六寸有足觸之則縮

三年三月晦酉刻地震四月漳浦獲野豬重六百餘斤　五月十日大風凡一晝夜屋瓦皆飛牌坊多倒錢門塘鎮一石條重二三百斤吹過郭澤塘　十二月二十九日陰燐見安亭隱隱有聲有影沿吳淞江東下閱二時始滅

四年夏陰雨秋螟有異蟹臍間生小蟹　十二月雷龍門後秦墓銀杏自焚

五年八月八日颶風九月十五日地震十二月七日子刻

又震

六年秋颶風鹹雨城中張氏廢園辛夷開牡丹

七年夏雨豆色微赤六月雷震石岡門牛姑失衣疑婦竊婦將自經忽雷擊牛腹破得衣八月地震西北鄉生異瓜似王瓜長二丈餘

九年三月六里橋民家豬生象一夜重八十餘斤被居民擊斃六月八日

大風拔木九月葛隆鎮城隍行祠銀杏生火半月始息

十年二月陰燐見西鄉隱隱有兵戈艦艘船隻旗幟形四月十四日城隍

祠大算盤珠自上盤懸如匾是日第十位一珠自上北越三日一人指數至此忽自下

門外湧泉八月婁塘民田西瓜中生雞

十一年四月雨雹八月有青蟲食棉花葉

十二年正月十六日葛隆鎮大火延燒七十餘家　三月西井亭土裂出水色如血中有古棺二　城內王某婦一產二男二女　六里橋柏生瓜色白味苦　南翔獲異蟹八足十螯大倍常蟹　十二月雷

十三年夏寒　方泰民婦陳氏產一卵大如斗剖之小魚無數

光緒元年六月河水生蟲似蜈蚣而無首見火即至脫水即僵　七月大雨自二十八日至八月二日止平地水深數尺

二年五月十一日大風雨雹　六月民訛言夜有物壓人如魘鳴金逐之半月乃息　七月有青蟲結窠禾上即萎

三年三月雷震徐瑄墓碑西門外石馬巷後　五月二十三日大風拔木　七月二十六日夜有怪風城西南隅起向東北去壞廬舍　蟲食棉稻豆葉狀如蠶五色觸手膚爛　蝗食野草安亭黃渡食禾　八月多飛蛾游絲繚繞

淌民舍九月大霧後滅

四年五月二十三日龍見顧浦捲起一船墮地無恙再起再落乃粉碎八月颶風二十三日戌刻起次日戌刻止

五年夏旱

六年五月雞妖二十三都陳姓家牝雞毛落復生遂化為雄六月涼歲仍稔

日食星變普天所同望氣書雲太史攸掌邑乘略之懼僭忒也惟水旱癘疫之災草木禽魚之孽禍福所繫既在茲土不敢脫漏鐲賑之後綴以此篇人事既修天變乃弭爾

范鍾湘、陳傳德修　金念祖、黄世祚纂

【民國】嘉定縣續志

民国十九年(1930)鉛印本

災異

光緒五年三月十三日寅刻地震

七年六月二十二十一日大風拔木閏七月初四日大風雨海溢

禾棉漂沒十二月初三日溫暖如仲春是歲疫且饑

八年二月十七夜大雪六月十七日起連日颶風潮溢二十一日

大冷有雪二十二日申刻地震七月大疫

九年七月大風雨潮溢禾棉蕩沈

十年七月疫證流行

十一年夏秋閒屢次大風雨潮溢秋疫證流行

十三年六月二十二日申初起颶風自東西去屋瓦皆飛

十四年三月地震四月雨雹秋大疫

十五年正月十九日晨降微雪色黑按之卽消七月大疫八月十

四日下午地震二十四日起淫雨四十五天棉稻腐爛十二月

地震

十六年夏霍亂證流行

十七年春夏大旱秋末久雨成災

十八年夏秋大旱饑十二月初九日大雪奇寒二十餘天河港冰
冱可以行人

十九年三月大風雨雹麥苗盡折冬南翔香花橋南堍大火延燒
數十家

二十一年正月二十二日戌刻地大震震波自東西去二月杪大
雪秋大疫

二十四年五月二十日大風傷稼米價騰貴每石七千二百文（時銀洋一圓合制錢八百餘文）六月初三日雨雪二十一日亥時下鹹雨植物黃
萎

二十六年三月初十日巳初晝晦比戶燃燈午初始復光明其後同時接連晝晦兩日唯爲時較短

二十七年五月大雨河水暴漲三四尺六月十四日大風晝夜不息十八日始止冬喉痧證流行

二十八年秋大疫

二十九年夏大疫紅痧證流行閏五月十二日雨雹一時許

三十一年八月大風潮吳淞江濱停棺有卷至河中者

三十二年五月十四日颶風大作拔木毀屋九月二十八日南翔香花橋北境以東大火延燒房屋數十幢

宣統元年二月十九日雷雹交作十一月二十八日夜十一時地震三分許震波由西南至東北

二年四月雨雹大者如斗小者如拳豌豆麥㓜棉均摧折無算南翔眞聖各鄉受災尤重花子價大漲每斤百數十文六月初三日下午大風雨方泰鄉顏家邨有古銀杏一株大逾數抱被風拔起其旁浮厝之棺木有飄至數里外者

三年五月初九日亥時地震六月紅痧證流行閏六月十七夜起大風雨亙二晝夜始息七月米價騰貴每石銀十圓八角

志旱乾水溢風雹大寒暑疫癘火災之屬以有害人生也志地震以有成災之可能也至如推算可知之日月食星變及世俗所詫爲妖祥而無與人生利害者皆刪而不書以免誣罔之譏故易前志禨祥之目曰災異

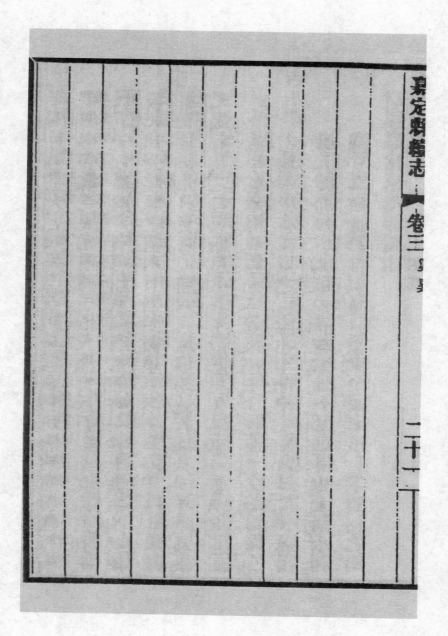